Die Welt der Parfüms

Fabienne Pavia

Die Welt der Parfüms

Fotografien
Matthieu Prier

NEFF

gegenüber dem

INHALT

Das parfüm in der Geschichte

Die Geschichte des Parfüms ist eng mit der Geschichte der Menschheit verbunden. Bereits in der Vorgeschichte verstanden die Menschen, daß sie den Geschmack ihrer Nahrung durch Verbrennen von Holz und Harzen verbessern konnten. Die Ägypter verehrten ihre Götter durch Räucherungen und führten Salben und parfümierte Öle zur Ergänzung der Riten und der weiblichen Körperpflege ein. Die Griechen brachten neue Düfte von ihren Expeditionen mit, während im antiken Rom den Parfüms medizinische Eigenschaften zugesprochen wurden. Durch die Völkerwanderung wurde der Gebrauch von Parfüm im Abendland stark eingeschränkt. Die islamische Welt trug dann dazu bei, die Kunst des Parfüms zu entwickeln – Araber und Perser wurden zu den unbestrittenen Meistern der Gewürze, erfanden den Destillierapparat und perfektionierten die Destillation.

Erst im 12. Jahrhundert entdeckte die Christenheit die Lust an den Düften wieder, die sowohl zum reinen Vergnügen als auch zu hygienischen Zwecken bei der Bekämpfung von Pest und Miasma angewandt wurden. Im 16. Jh. war der Beruf des Parfümeurs mit dem des Handschuhmachers verbunden, denn parfümierte Handschuhe waren in Mode. Während die mittelalterliche Gesellschaft Bäder und Waschungen praktizierte, gerieten diese Bräuche nach dem Konzil von Trient und im 16. und 17. Jahrhundert in Vergessenheit. Dagegen benutzte man verstärkt Parfüm, um den Gestank zu überdecken.

Das 17. Jahrhundert nahm Zibet und Moschus mit Begeisterung auf, denen in der Zeit der Aufklärung zartere, blumige und fruchtige Düfte vorgezogen wurden. Das 18. Jahrhundert stand durch eine verschwenderische Fülle von neuen Düften, aber auch von Flakons unter dem Zeichen der Verführung. Im 19. Jahrhundert ermöglichten es die Fortschritte der Chemie, die in der Natur vorhandenen Gerüche künstlich nachzuahmen, aber auch neue zu erfinden. Dies war die Geburtsstunde der industriellen Parfümerie; die Stadt Grasse behauptete sich auf diesem blühenden Tätigkeitsfeld.

Unser Jahrhundert, das weder mit Luxus noch mit Fortschritt geizt, hat diese Sonderstellung immer wieder bestätigt. Das Parfüm hat nun in die privilegierte Welt der Kunst, aber auch in die erbarmungslose Welt des kommerziellen Wettkampfs Einzug gehalten.

Terrakottafläschchen zur Aufnahme von Duftölen, aus einer römischen Provinz, um 300 n. Chr.

Links: Die Ägypter wurden durch ihre religiösen Praktiken zu den ersten Anwendern von Parfüm. Man erkennt den „Räucherarm", der für Räucherungen zu Ehren der Götter benutzt wurde.
Rechts: Kholvase aus grauem Ton in Form eines Pferdes, Urartu, 9.–8. Jh. v. Chr.

Nebenstehend: Parfümfläschchen aus grau-rötlichem Ton mit schwarzer Engobe in Form eines Negerkopfes. Durch die Öffnung in der Mitte der Haarpracht konnte das Parfüm fließen.

Oben: Enghalsiger kleiner Krug, alexandrinischer Import aus Keramik mit schwarzem Firnis in Form eines Fußes mit Römersandale. Der Ring an der Seite ermöglichte es, das Flakon zu tragen. Wie das oben abgebildete stammt es aus der Nekropole von Arg el-Ghazouani, Kerkouane, Ende des 4., Anfang des 3. Jhs. v. Chr.
Rechts: Öllampe aus Bronze, Rom, 3.–4. Jh. n. Chr.

Das Parfüm in der Antike

Das alte Ägypten

Wenn es im alten Ägypten auch kein Parfüm im heutigen Sinne einer alkoholischen Lösung gab, spielten Duftstoffe in dieser Hochkultur dennoch durch zwei Arten von Präparaten eine wesentliche Rolle: die Räucherungen und den Gebrauch von Balsamen und Salben. Erstere sind auf eine sehr einfache Methode zurückzuführen, die darin bestand, Holz, Gewürze, Früchte oder Harze auf eine Wärmequelle zu legen, damit sie ihren Duft entfalten konnten. Diese Praxis wurde in den Tempeln bald übernommen, wo die Rohsubstanzen nach und nach von immer komplexeren Präparaten abgelöst wurden, wie die in Edfu oder auf Philae entdeckten Rezepturen belegen. Ein berühmtes Präparat war *kyphi*, dessen Hauptbestandteile – Myrrhe, Mastix, Wacholderbeeren, Griechisch-Heu-Samen, Pistazie und Zypergras – zerstoßen und anschließend gesiebt wurden. Das so erzeugte Pulver wurde mit Wein und dann mit einer gekochten Paste aus Kiefernharz und Honig vermischt. Für die Räucherungen verfügten die Ägypter über zwei Geräte: ein Räucherfäßchen aus Metall, in das die glühenden Kohlen gegeben wurden, und einen sogenannten Räucherarm, eine Art Stiel aus Holz oder Bronze, an dessen Ende sich eine offene Hand befand, auf der ein Weihrauchschälchen ruhte.

Salben und parfümierte Öle wurden ihrerseits auf der gesunden oder verletzten Haut aufgetragen, je nachdem, ob sie zu kosmetischen oder therapeutischen Zwecken verwendet wurden. Die Destillation und damit der reine Alkohol waren unbekannt; zur Aufnahme der Blumen- und Harzgerüche wurden Fette (pflanzliche Öle und tierisches Fett) verwendet. Dieser Grundlage wurden Farb- und Heilstoffe hinzugefügt. Die Salben wurden in Vasen, meistens aus Alabaster, oder in kleinen Bechern aufbewahrt. Es gab auch kleine, meist tierförmige Fläschchen aus Steingut, Stein oder Keramik. Später kamen Glasflakons auf: Es waren von buntem haarnetzartigem Filigran überzogene Henkelkrüge, Amphorisken, Vasen und Schalen.

Vom Alten Reich bis zum Mittleren Reich blieben die Parfüms eher dem religiösen Bereich vorbehalten: Einsalbung der Toten, Huldigung der Götter sowie Reinigungszeremonien. Im Neuen Reich (1580–1085 v. Chr.) wurden sie bei Festen verwendet: Jede feierliche Begehung verlangte nach einem spezifischen Duft. Die Parfüms wurden außerdem zu profanen Zwecken verwendet, wenn sie auch weiterhin von den Priestern hergestellt wurden: Die Frauen benutzten Salben und parfümierte Öle zur Körperpflege oder als Verjüngungspräparate und zogen sie bei Liebesritualen hinzu.

Griechenland

Die Griechen setzten die ägyptischen Praktiken fort, bereicherten die Palette der parfümierten Produkte und steigerten deren religiösen und alltäglichen Gebrauch. Nach dem Bad, vor und nach den Mahlzeiten gehörte es zum guten Ton, sich aus hygienischen Gründen, aber auch zum reinen Vergnügen mit Ölen und Salben einzureiben. Die Griechen schrieben dem Parfüm einen göttlichen Ursprung zu. Die Toten, deren Körper parfümiert wurde, wurden mit persönlichen Gegenständen begraben, darunter mit dem unentbehrlichen Parfümflakon. Die runden Aryballen ermöglichten es, das Salböl direkt auf die Haut zu gießen. Wie die Alabastervasen oder die Lekythen – mit attischen Mustern verzierte Krüge mit einem einzigen Henkel – wurden sie in Korinth hergestellt. Vom 6. Jahrhundert v. Chr. an wurden die in Rhodos angefertigten Flakons origineller: Sie hatten die Form von Füßen mit Sandalen, Götterbüsten, Tieren, Sirenen.

Kleine Parfümflakons aus Glas mit Regenbogenfarben, Iran, 8.–10. Jh. n. Chr. Von jeher verwendete man im Iran reichlich Parfüms und Gewürze. Und der Kalif von Bagdad ließ sich eine Zeitlang dreißigtausend Flaschen Rosenwasser jährlich liefern!

Rom

Durch den Einfluß des Morgenlandes und der griechischen Welt räumten die Römer dem Parfüm bald eine Sonderstellung ein, wenn Cäsar den Gebrauch von exotischen Düften auch unterdrückte. Ihr Gebrauch bei religiösen und Bestattungsriten und im Alltag entwickelte sich weitgehend dank der Ausbreitung des Versorgungsnetzes bis nach Indien, Afrika und Arabien. Die Römer schrieben den Parfüms medizinische Heilkräfte zu, und der Parfümverkäufer war oft der Arzt oder der Apotheker. Eine ihrer großen Neuerungen war die Verwendung von Glasgefäßen nach der Erfindung der Glasblastechnik in Syrien im 1. Jahrhundert v. Chr.

Die islamische Welt

Mit dem Aufkommen des Christentums wurde der Gebrauch von Parfüm im Abendland sowohl im Alltag, wo er mit Nichtigkeit gleichgesetzt wurde, als auch im religiösen Leben, aus dem die Bestattungsutensilien verschwanden, stark eingeschränkt. Die Araber hingegen trugen durch den blühenden Gewürzhandel, die Erfindung des Destillierapparats und die Verbesserung der Destillationstechniken zu seinem Erhalt bei. Einen Eindruck ihrer erlesenen Kultur und der Bedeutung der Duftstoffe in ihrem Leben vermitteln die Alhambra-Gärten in Granada – soll doch der Prophet Mohammed gesagt haben, am liebsten auf der Welt seien ihm „Frauen, Kinder und Parfüms". Erst mit den Kreuzzügen im Heiligen Land entdeckte Europa dank einiger venezianischer Kreuzfahrer, die mehr der Suche nach irdischen Freuden zugeneigt waren, die Lust des Parfümierens wieder und lernte den Gebrauch der Seife kennen.

Zylindrisches Salbentöpfchen, Ägypten, I. Dynastie, um 3000 v. Chr.

Oben, von links nach rechts:
Religiöses Gefäß aus Alabaster, Ägypten, um 1350 v. Chr.
Balsamarium aus Terrakotta, Zypern, 2000–1600 v. Chr.
Balsamarium aus gegossenem weißem Milchglas mit römischem Relief, 100 v. Chr.–100 n. Chr.

Unten, von links nach rechts:
Salbentopf aus marmoriertem Stein, Ägypten, um 1500 v. Chr.
Balsamarium aus Terrakotta bzw. Topf für geweihtes Öl in Form einer Frau in erotischer Stellung, Ägypten, 300–200 v. Chr.
Flakon aus schwarzem Ton für geweihtes Öl, stellt die Göttin Hathor dar, Ägypten, um 400 v. Chr.

Oben, von links nach rechts:
Lekythos aus Terrakotta mit attischer Bemalung. Sein roter Boden deutet darauf hin, daß er zur Aufbewahrung von parfümierten Ölen für den profanen Gebrauch diente. Um 500 v. Chr.
Salbentopf, Griechenland, um 400 v. Chr.
Weihrauchbrenner aus Terrakotta, griechische Kunst, Süditalien, 400–300 v. Chr.

Unten, von links nach rechts:
Balsamarium aus Ton in Form einer zweiköpfigen Göttin, Ende der ptolemäischen Epoche, Ägypten, um 100 v. Chr.
Balsamarium aus Terrakotta in Form eines kleinen Kruges. Die beiden Seiten des Flakons stellen das Gesicht des schützenden Gottes Bes dar, Ägypten, ptolemäische Epoche, 300–100 v. Chr.
Kleine ultramarinblaue Glasamphore, bemalt mit gelben und türkisfarbenen Mustern, phönizische Kunst, um 700 v. Chr.

Oben, von links nach rechts:
Doppeltes Balsamarium aus irisierendem blaugrünem Glas, fadenartiges Muster an den Seiten, östliches Mittelmeer, 2.–4. Jh. n. Chr.
Kleine Duftölflakons, darunter eines aus irisierendem kobaltblauem Glas, römische Kaiserzeit, 2.–3. Jh. n. Chr.
Salbenbehälter aus Glas, nordöstlicher Iran, 10. Jh. n. Chr.

Unten, von links nach rechts:
Glasfläschchen, Römisches Reich, unter Cäsar.
Balsamarium aus Bronze, Römisches Reich, 1.–2. Jh. n. Chr.
Flakon aus Bronze, Iran, 12. Jh. n. Chr.
Glasflakon, Nordiran, 4.–6. Jh. n. Chr.

Oben, von links nach rechts:
Kleine Balsamarien, darunter eines aus blauem Glas mit weißen Spiralstreifen, Iran, 2.–3. Jh. n. Chr.
Flakon aus grünem Glas, Rom, 200–100 v. Chr.
Balsamarium aus geblasenem, gelb-grünlichem Glas, stellt zwei Frauenköpfe mit üppigem Haar dar, römische Kaiserzeit, 1. Jh. n. Chr.

Unten, von links nach rechts:
Flakon aus emailliertem Glas, islamischer Kulturraum, 6.–9. Jh. n. Chr.
Vase aus Alabaster, Mittlerer Osten.
Glasflakon, Iran, 2. Hälfte des 3. Jhs. n. Chr.

Kugelförmiger Pomander aus vergoldetem Silber mit geprägtem Kronenmuster. Der Fuß aus Silber mit durchbrochenem Boden enthielt den Duftstoff. Der Ring konnte aufgeschraubt werden, wodurch der in sechs Segmente unterteilte Körper aufklappte. Jeder der sechs Schiebedeckel trägt den Namen der enthaltenen aromatischen Substanz. Deutschland, 16. Jh.

Vom Mittelalter zum Barock

Der Niedergang des Römischen Reichs, die Völkerwanderung und die endlosen Kriege stürzten das Abendland in eine finstere Ära, in der den Parfüms kaum noch Platz eingeräumt wurde. Erst das 12. Jahrhundert und die Zunahme des Handelsverkehrs brachten eine Umkehrung dieses Prozesses. Durch die Ansiedlung von Universitäten in den Großstädten verbesserten sich die Kenntnisse über die Parfümherstellung, wobei die von den Arabern überlieferten alchimistischen Kenntnisse und Beherrschung der Destillation eine unterstützende Rolle spielten. Wenn Weihrauch und Myrrhe auch heilige Düfte blieben, entdeckten Könige, Adlige und Höflinge die hygienischen und verführerischen Eigenschaften des Parfüms. Die Schönen besprühten ihren Putz und ihre Wohnungen mit Aspersorien, die den bei religiösen Zeremonien verwendeten Weihwedeln ähnelten. Sie badeten in Blumenduftwasser, rieben sich wie die Athenerinnen mit parfümierten Ölen ein, wenn diese Praktiken auch weniger zügellos als in der Antike erscheinen. Denn im Gegensatz zu der vorgefaßten Meinung pries das Mittelalter die Praxis der Waschungen und Bäder. Ein neues Gefäß entstand: der Pomander oder Bisamapfel, zur Aufnahme von Moschus, Ambra, Harzen und parfümierten Ölen. Die durchbrochene Metallkugel ließ den Duft entweichen. Diesen Ausdünstungen wurden therapeutische Eigenschaften zugesprochen: Sie sollten Pest und Epidemien zurückdrängen, die Verdauung fördern, die weiblichen Organe schützen und Impotenz heilen. Sehr bald stieg Venedig zur Parfümerie-Metropole auf. Durch die Dogen-Stadt wurde der Großteil der Gewürzproduktion aus dem Orient befördert. Marco Polo brachte von seinen Reisen Pfeffer, Muskatnuß und Gewürznelken mit. Dank der arabischen Seefahrer, die die Gewürzstraße bis Indien und Ceylon führte, waren auch Zimt, Ingwer, Safran und Kardamom bekannt. Dort bedienten sie sich auch aus den Reserven der Händler aus China und Malaysia. In Europa wurden seit langem Anis, Thymian, Basilikum, Salbei und Kümmel angebaut.

In der zweiten Hälfte des 16. Jahrhunderts entstanden flüssige Parfüms auf der Basis von Alkohol und ätherischen Ölen, die als Duftwässer bezeichnet wurden. Das erste Duftwasser, das „Wasser der Königin von Ungarn", auf Rosmarinbasis, wurde der Sage nach Königin Elisabeth von Ungarn 1380 von einem Mönch geschenkt. Der damals siebzigjährigen Herrscherin ging es sehr schlecht, aber sie wurde wieder gesund, nachdem sie diesen Absud getrunken hatte (denn die damaligen Rezepturen konnte man trinken!). Sie wurde dadurch sogar dergestalt verjüngt, daß der König von Polen um ihre Hand anhielt. Durch die Entdeckung Amerikas verlor Venedig seine Vormachtstellung. Portugiesen und Spanier entwickelten ihrerseits den Gewürzhandel (Vanille, Kakao, Tabak, Zimt). Im 16. Jahrhundert wurden die Holländer in diesem Bereich berühmt. Im Gegensatz zu ihren Vorgängern, die sich auf den Handel allein beschränkt hatten, überwachten sie die Produktion und verbesserten die landwirtschaftlichen Methoden.

Die Anzahl der Duftwässer, die als „einfache" Duftwässer bezeichnet wurden, wenn sie lediglich eine Komponente hatten (Rosen-, Lavendel- oder Orangenblütenwasser), oder als „zusammengesetzte" Duftwässer, wenn sie Blumen und Gewürze mit Moschus und Ambra verbanden, vervielfältigte sich. Abgesehen von ihren pharmazeutischen Eigenschaften trugen sie dazu bei, den Körpergeruch zu überdecken. Denn während das Mittelalter der Hygiene einen bedeutenden Platz einräumte, verhielt es sich in der Renaissance ganz anders: Das Wasser stand im Verdacht, Pest und Miasmen zu übertragen. Die Parfüms wurden in Fläschchen oder Ampullen aus geblasenem Glas aufbewahrt. Es fanden sich auch von den venezianischen Techniken inspirierte Glasarten, Kristall oder milchiges Glas, das an orientalisches Porzellan erinnert. Es gab zahlreiche birnenförmige Flakons. Der Pomander wurde in kleine Segmente in Form von Apfelsinenschnitzen zur Aufnahme verschiedener Substanzen unterteilt.

Mit dem 17. Jahrhundert erfuhr das Parfüm einen großartigen Erfolg. Man darf von einer wirklichen, der Sauberkeit umgekehrt proportionalen Leidenschaft sprechen! Puder und Wässer durchdufteten Gesichter und Perücken am Hofe des Sonnenkönigs. 1656 wurde die Gilde der *gantiers-parfumeurs* gegründet. Seit einiger Zeit stieß die Begeisterung des Adels für Handschuhe mit der Mittelmäßigkeit der Lohgerbungsmethoden zusammen, die einen ekelerregenden Geruch im Leder hinterließen. So beschloß man, die Handschuhe mit kräftigen Düften zu parfümieren. Die Zunft der Handschuhmacher nutzte unter Ludwig XIII. und Ludwig XIV. diese Gelegenheit aus, um auf Kosten der Apotheker, Destillierer, Alchimisten und Drogisten das Monopol für den Parfümvertrieb zu erwerben. Im 17. Jahrhundert kamen Jasmin, Tuberose und Rosen zu den Grundprodukten der Parfümherstellung hinzu. Die Flakons ihrerseits wurden immer unterschiedlicher. Es gab zahlreiche kleine birnenförmige Flakons aus kristallklarem und farbigem Glas oder aus Beinglas. Ziseliertes vergoldetes Silber sowie Kupfer, Silber, emailliertes Gold oder Halbedelsteine waren äußerst beliebt. Parfümständer und Flakonbehälter mit exotischen Figuren kamen auf.

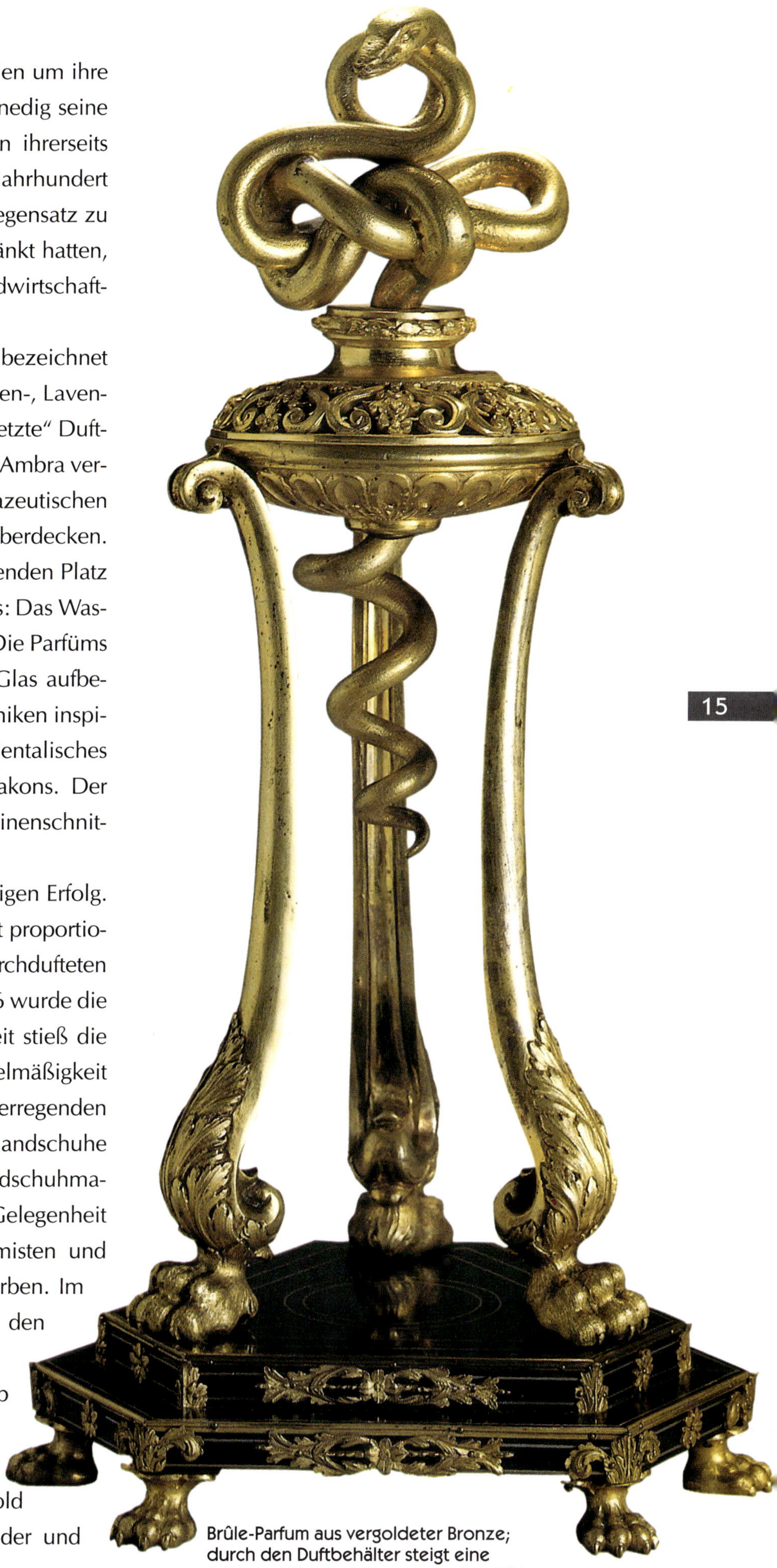

Brûle-Parfum aus vergoldeter Bronze; durch den Duftbehälter steigt eine Schlange. Frankreich, unter Ludwig XIV.

Oben, von links nach rechts:
Pomander aus vergoldetem Silber in Form eines doppelseitigen Kopfes mit Totenkopf auf der einen und dem Gesicht eines jungen Mädchens auf der anderen Seite, europäische Kunst, 16. Jh.
Pomander aus Silber, Deutschland, 17. Jh.
Kleine Porzellanflakons, China, 17.–18. Jh.
Reich verzierter Pomander aus vergoldetem Silber. Beim Aufschrauben des Aufhängerings zerlegt sich der Körper in sechs um einen zylindrischen Mittelteil angeordnete Segmente, die jeweils den Namen eines Duftstoffes aufweisen. Die Seiten jedes Segments sind mit Jagdszenenprägungen verziert. Geschlossen bilden sie eine Kugel. Süddeutschland, Ende des 16. Jhs.

Unten, von links nach rechts:
Flakon aus Ebenholz und Silber, Deutschland, Ende des 17. Jhs.
Kristallflakon mit Fassung aus vergoldetem Silber. Der Deckel ist mit einer Perle verziert. Deutschland, Ende des 17. Jhs.
Glasflakon, Deutschland, 17. Jh.

Oben, von links nach rechts:
Glasflakon, Holland, 17. Jh.
Potpourri aus Keramik in Form einer Schüssel mit durchbrochenem Deckel, Blumenmuster auf der einen und häuslicher Szene auf der anderen Seite, China, 17.–18. Jh.
Flakon aus geschliffenem Aventurin mit Silberfassung, deutsche oder französische Kunst, Ende des 17. Jhs.

Unten, von links nach rechts:
Silberflakon, Emden, um 1680.
Flakon aus vergoldetem Silber aus einer Werkstatt vom Prager Hof, mit Basrelief-Verzierung nach Werken von Bartholomäus Spranger und Hans von Aachen, Prag, 1580–1600.
Flakon, geschnitzt aus einer Nuß der Seychellenpalme, Silberfassung, Portugal oder Spanien, 17. Jh.

Toilettenkästchen mit den Porträts von Marie-Antoinette und Ludwig XVI., Frankreich, 18. Jh.

Runde Bergamottendose: Diese im 18. Jh. sehr berühmten Dosen dienten oft als Liebespräsent. Grasse, Frankreich.

Salbentopf aus Porzellan, Anfang des 18. Jhs.

Das Zeitalter der Aufklärung

Das Zeitalter der Philosophen und der Französischen Revolution ist auch das Zeitalter der Parfüms. Der Hof Ludwigs XV. erhielt sogar den Beinamen „der parfümierte Hof" aufgrund der Duftwässer, die dort täglich nicht nur auf Leder, sondern auch auf Kleidung, Fächer und Möbel vergossen wurden.

Wenn Duftwässer auch weiterhin verwandt wurden, konkurrierten mit ihnen nun die *vinaigres de toilette*, parfümierte essigsäurehaltige flüssige Substanzen, denen eine hervorragende desinfizierende Wirkung zugeschrieben wurde. Der berühmteste, der „Vinaigre des quatre voleurs" wirkte in Marseille während der furchtbaren Pest von 1720 Wunder. Vier Männer, die nicht davor zurückschreckten, die Leichen auszurauben, sollen dank dieses von ihnen erfundenen Essigs der Ansteckung entgangen sein. Als die Schurken verhaftet wurden, sollen sie mit dem Leben davongekommen sein, weil sie den Behörden die Rezeptur ihrer Wundermixtur verrieten, die an allen Wänden der Stadt angeschlagen wurde. Es ist anzunehmen, daß dieser Essig seine Wirksamkeit der Tatsache verdankte, daß er Insekten, die Hauptüberträger der Geißel, vertrieb.

Aber die eigentliche Revolution dieses 18. Jahrhunderts, der entscheidende Vorstoß in der Geschichte der Parfümerie, heißt Eau de Cologne. Dieses frische Wasser aus Rosmarin, Neroliöl (Orangenblütenöl), Bergamotte und Zitrone wurde in den unterschiedlichsten Formen angewandt: im Badewasser aufgelöst (im 18. Jahrhundert wurde immer öfter gebadet), im Wein, auf einem Würfel Zucker, als Mundspülung, Klistier, Spritze, Pflaster. Zwei Familien erheben den Anspruch, es erfunden zu haben: die Feminis und die Farina. Nach der sonderbarsten Hypothese hat die aus der Emilia-Romagna stammende Familie Farina besagtes Wasser erfunden, das Eau de Bologne, also „Bologna-Wasser", heißen sollte! Die allgemein angenommene Version führt uns in das Kloster Santa Maria Novella in Florenz, wo die Nonnen im 16. Jahrhundert das *aqua de regina* zubereiteten. Dessen Erfolg war so groß, daß ein gewisser Giovanni Paolo Feminis verführerische Argumente einsetzte, um der Oberin die Rezeptur zu entlocken. Unser Mann war Apotheker in Köln und hatte nichts Eiligeres zu tun, als seine Entdeckung, die er zunächst *Eau admirable* und dann *Eau de Cologne* nannte, herzustellen und zu vertreiben. Später ließ Herr Feminis seinen Neffen Gian Maria Farina aus Italien kommen, der das Geschäft seines Onkels bis 1766 in erheblichem Maße ausbaute. Aber die Geschichte hört hier nicht auf. Bald beanspruchten andere Farinas die Patenschaft des Kölnisch Wasser. 1865 trugen gar neunundreißig Geschäfte in Köln dieses Firmenschild. Dennoch hob

sich ein (echter oder falscher?) Jean-Marie Farina von der Masse ab, der sich 1806 in Paris als Parfümeur niederließ. Die Qualität seiner Zubereitung und sein kaufmännisches Talent festigten seinen Ruf. Napoleon, einer der größten Verbraucher dieses Duftwassers, nahm es auf einem Stück Würfelzucker ein.
Eine andere Version von 1792 führt uns zum Firmensitz der Bank Mülhens in Köln zur Hochzeit Wilhelms, des Sohns des Bankiers. Einer der Gäste, ein Mönch, schenkte dem Brautpaar ein Pergament mit der Rezeptur eines Wassers mit medizinischen Eigenschaften, des *Acqua mirabilis*. Der Bräutigam vertrieb das Wasser unter dem Namen „4711, Echt Kölnisch Wasser“. Zwei Jahrhunderte später vertreibt Ferdinand Mülhens als Erbe der Familie dieses Wasser noch immer.
Was die im 18. Jahrhundert verwendeten Gefäße betrifft, waren ihre Formen genauso zahlreich wie die Düfte und deren Gebrauch. Der parfümierte Essig tränkte Schwämmchen, die in Vinaigretten aus vergoldetem Metall eingeschlossen wurden. Flüssige Parfüms wurden in sehr schönen birnenförmigen Flakons im Louis-XVI-Stil aufbewahrt. Glas erfuhr insbesondere in Frankreich mit der Eröffnung der Manufaktur von Baccarat 1765 und der Spezialisierung der Glashütte von Saint Louis auf die Herstellung von Parfümflakons einen großen Erfolg. Ihre Kristallproduktion erlangte bald die Berühmtheit, die sie heute noch besitzt. Goldschmiede fertigten Flakons aus ziseliertem Gold und Silber an, mit denen sie Jaspis oder Bergglas verbanden. Die Muster brachen mit der Linienführung des Barock und betonten die aktuellen Themen: die Rückkehr zur Natur eines Rousseau oder Chinoiserien. Letztere verzierten die in Chantilly hergestellten Porzellanflakons, während sich die Manufakturen von Saint-Cloud durch goldene Verzierungen und diejenigen von Sèvres durch birnenförmige Flakons auszeichneten. Aber Porzellan war hauptsächlich in Deutschland, Österreich und England anzutreffen. Die Manufaktur von Chelsea in England spezialisierte sich auf Statuetten (menschliche Figuren, aber auch Tiere oder Früchte), deren Köpfe den Stöpsel bildeten. Der Wedgwood-Stil behauptete sich mit blau-weißen Flakons. In Deutschland verwendete die Meißner Manufaktur als erste die *pâte dure*, das Hartporzellan. Rokoko-Szenen, Blumen, Früchte, orientalische Motive, Schlachten waren ihre beliebtesten Motive. Es fanden sich auch figürliche Flakons wie in Chelsea, wobei die Figuren der Commedia dell'arte bevorzugt wurden.
Das 18. Jahrhundert war schließlich die Zeit der Necessaires, kleiner Kästchen zur Aufbewahrung von Flakons mit ätherischen Ölen. Neben dem kleinen Einfülltrichter enthielten die Necessaires zum Beispiel auch Stifte, Zahnbürsten, oder sogar „Zungenkratzer“ oder Stäbchen zur Reinigung des Gehörgangs!

Eiförmiges Necessaire aus emailliertem Gold. Im Inneren befinden sich ein Kristallflakon, ein Kamm aus Perlmutt und ziseliertem Gold, ein Zahnstocher, ein „Zungenkratzer“, eine Zupfpinzette und eine kleine Zahnbürste, Frankreich, 1762–1768.

Riechdose aus ziseliertem Silber mit birnenförmiger Korbflechtverzierung. Drei kleine, sich in der Mitte öffnende Birnen sind an der Hauptfrucht befestigt, die selbst aus drei abschraubbaren Teilen besteht: Der Stiel enthält ein flüssiges Parfüm, die Mitte ein trockenes Parfüm, die durchbrochene untere Schale einen zu befeuchtenden Schwamm. Deutschland, 18. Jh.

Oben, von links nach rechts:
Flakon aus Glas und Messing, Böhmen, 19. Jh.
Potpourri aus Porzellan mit Lorbeergirlanden und drei Reliefs in Form eines Mädchengesichtes. Die drei Füße bilden Delphine. Kopenhagen, 1780–1790.
Elfenbeinflakon, Japan, 18. Jh.
Rubinfarbenes Glasflakon mit Silberstöpsel, Deutschland, 18. Jh.

Unten, von links nach rechts:
Vinaigrette aus Silber, Deutschland, 18. Jh.
Porzellanflakon mit bemaltem Obstmuster und Schraubverschluß aus versilbertem Gold, Frankenthal, 1762–1794.
Necessaire mit grünem Chagrinlederbezug, enthält zwei Glasflakons mit Porzellanstöpseln (Chelsea oder Derby) als Schwäne. Dieses für das 18. Jh. typische Kästchen enthält auch ein Schreibnecessaire mit Elfenbeinnotizblock und einem Stift. England, um 1770.

Oben, von links nach rechts:
Porzellanflakon aus Hoechst, nach einem Muster von 1758.
Potpourri aus Porzellan, Meißen, um 1760.
Porzellanflakon, Wien, um 1770–1780.
Parfümbrunnen aus Porzellan, Meißen, um 1745.

Unten, von links nach rechts:
Flakon, geschnitzt aus einer echten Kastanie, Fassung aus Silber, Deutschland, mit der Jahreszahl 1792.
Zerstäuber aus opalisierendem Glas mit Zinnstöpsel, Deutschland, 18. Jh.
Necessaire mit Glasflakon, Stöpsel aus Silber, Deutschland oder Österreich, Anfang des 19. Jhs

Das Parfüm entgeht der Industrialisierung des 19. Jhs. nicht. Die Alchemie weicht der Chemie, die neue Düfte erzeugt.

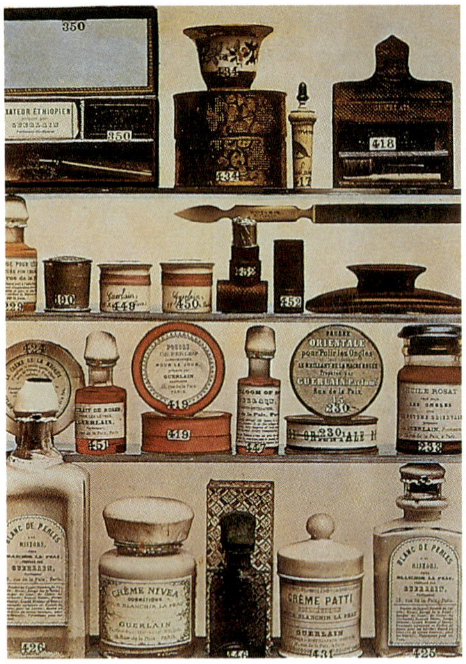

Bereits 1828 hielt ein prestigeumwobener Name Einzug in die abgeschlossene Welt der Parfümeure: Guerlain. Neben Parfüms verkaufte das berühmte Haus Puder, Öle und Cremes.

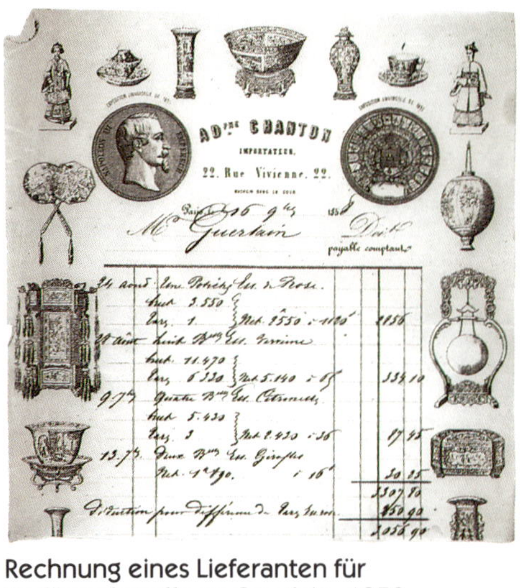

Rechnung eines Lieferanten für Parfümrohstoffe an Guerlain, 1858. Einer der Grundsätze des Hauses war, hochwertige Produkte zu verwenden.

Die Anfänge der modernen Parfümerie

So wie die Kunst und die Industrie erfuhr das Parfüm im 19. Jahrhundert tiefgreifende Veränderungen. Die moderne Chemie begünstigte die Entwicklung der Duftlandschaft, die wir heute kennen.

Die Französische Revolution hatte dem Gefallen der Gesellschaft am Parfüm keinen Abbruch getan. Es gab sogar einen Duft namens „Parfum à la guillotine"! Mit dem Directoire (1795–1799) kam der Mut wieder, seine Neigung für Luxusprodukte aller Art, auch für Parfüms, zur Schau zu stellen. Das Kaiserreich förderte in hohem Maße den Gebrauch von parfümierten Ölen, die Napoleon und sein Umkreis reichlich verwendeten. Joséphine, die von ihrer Jugendzeit auf der französischen Karibikinsel Martinique her eine Leidenschaft für starke Gerüche hatte, wurde „die Moschusvernarrte" genannt. Ihr kleiner Waschraum in Malmaison war so sehr von der Mischung aus Moschus, Zibet, Vanille und Ambra durchduftet, daß man sie siebzig Jahre später noch riechen konnte. Sie gab jährlich ein Vermögen bei ihren Lieblingsparfümeuren, Lubin und Houbigant, aus. Der Kaiser selbst hatte ein zwiespältiges Verhältnis zum Parfüm. Er mochte keines und verließ des öfteren das Boudoir seiner Gemahlin, weil ihm die Luft dort unerträglich vorkam. Dennoch verging kein Tag, ohne daß sein Kammerdiener ihn von Kopf bis Fuß mit Kölnisch Wasser – das Jean-Marie Farina herstellte – eingerieben hätte. Der Parfümeur hatte für ihn sogar ein rollenartiges Flakon, die Rosolenflasche, erfunden, das der Kaiser in seine Stiefel steckte. Er verbrauchte 60 davon im Monat, denn, so sagte er, dieses Duftwasser regte seine grauen Zellen an. Gerüche hatten auf seine fleischlichen Begierden ebenfalls eine anregende Wirkung, wie sein Briefwechsel es belegt. Schrieb er doch an Joséphine: „Wasche Dich nicht, ich eile herbei, und in acht Tagen bin ich bei Dir." Mit der Restauration (1814–1830) kam eine im Bereich der Düfte ruhigere Zeit. Zarte und blumige Düfte wurden den animalischen vorgezogen. Unter Ludwig XVIII. hießen die beliebtesten Parfüms *Les larmes de l'aurore* (Die Tränen der Morgenröte) oder *L'eau des belles* (Das Wasser der Schönen), während man sich unter Karl X. mit *Dame blanche* oder *Troubadour* parfümierte. Mit der Romantik, kam dann Riechsalz in Mode, unentbehrlicher Begleiter der schönen Schmachtenden. Im Zweiten Kaiserreich (1852–1870) wurden unter dem Einfluß der Kaiserin Eugénie die betörenden Parfüms auf Patchouli-Basis wieder aktuell, die nach und nach zugunsten immer subtilerer Düfte, Früchte der Arbeit der Parfümeure, verschwanden. Die Stadt Grasse wurde sehr bald zum größten Zentrum der Herstellung von Rohstoffen auf pflanzlicher Basis, unter anderem dank der Jasmin-, Rosen- und Orangenbaumzüchtung. Durch die Lohgerbereien und den Beruf des *gantier-parfumeur*, der sich allmählich zum selbständigen Beruf des Parfümeurs wandelte, stand die Stadt schon lange in indirekter Verbindung mit der Parfümindustrie. Die Gründung der Zunft der Parfümeure von Grasse im Jahr 1724, die mit der Verwendung der ersten modernen Destillierapparate zusammenfällt, bedeutete eine endgültige Spezialisierung der Stadt. Zwischen 1770 und 1900 entstanden die großen Fabriken, deren Namen den Übergang zum Industriezeitalter kennzeichneten: Chiris (1768), L.T. Piver (1774), Lantier (1795), Roure-Bertrand-Dupont (1820), Sozio (1840), Robertet (1850) oder auch Payan-Bertrand (1854).

Paris setzte sich bald als kaufmännisches Pendant zu Grasse und als Parfümmetropole durch. Neben Houbigant, Lubin oder L.T. Piver fand sich dort auch das Firmenschild Jean-Marie Farinas. Das Geschäft wurde an Léonce Collas verkauft, dann an zwei angeheiratete Vettern, Armand Roger und Charles Gallet, übertragen.

Das Haus Roger & Gallet spielte dank raffinierter Parfüms, hochwertiger Seifen, die es noch heute gibt, sowie Verpackungen und Etiketten von seltener Schönheit eine zentrale Rolle in der modernen Parfümerie. Ein Name kam auf, der eine ganze Parfümeurdynastie hervorbringen sollte: Guerlain. Pierre-François-Pascal Guerlain, ein junger Medizinchemiker, eröffnete 1828 in der Rue de Rivoli ein Geschäft, in dem er Puder und individualisierte Parfüms verkaufte, darunter das *Eau de Cologne impériale*, das ihm den prachtvollen Titel „Lieferant Ihrer Majestät, der Kaiserin Eugénie" einbrachte. Seine Söhne Aimé und Gabriel traten seine Nachfolge an und schlossen das Jahrhundert mit einer wunderbaren Kreation ab: *Jicky*.

Aber der entscheidende Fortschritt des 19. Jahrhunderts, durch den das Parfüm in das Industriezeitalter Einzug hielt, ist auf die Entstehung der organischen Chemie zurückzuführen. Sie ermöglichte es den Forschern, Moleküle in olfaktorischer Hinsicht zu isolieren und dank der Synthese wieder zusammenzusetzen. So konnten sie ihrer Phantasie freien Lauf lassen und Duftakkorde herstellen, die die Natur nicht bot. Nunmehr war ein neuer Beruf entstanden – der Beruf des *compositeur-parfumeur*, der sich im 20. Jahrhundert einbürgern und dem Parfüm das künstlerische Flair geben sollte.

Die Flakons entzogen sich genausowenig der Industrialisierung, wenn sie auch langsam fortschritt. Kristall war weiterhin sehr beliebt. Böhmen, Frankreich und Großbritannien brillierten in dieser Technik. Die bedeutendste Erfindung dieses Jahrhunderts war 1870 die des Zerstäubers, die wir dem französischen Schriftsteller und Feinschmecker Brillat-Savarin verdanken.

Brûle-Parfum, China, um 1850.

Das 19. Jh. war die Blütezeit zahlreicher Toilettenkästchen, die parfümierte Essenzen enthielten. Dieses Etikett schmückte eines dieser Kästchen. Es stellt eine junge Frau vor ihrem Schminktischchen dar. Frankreich, 19. Jh.

Oben, von links nach rechts:
Aus einem Bergkristall geschnittenes Flakon mit goldener Fassung. Der Stöpsel ist eine Büste Napoleons I., Frankreich, um 1810.
Tischflakon aus marmoriertem achatartigem Beinglas, Georgenthal, Böhmen, um 1835.
Rundes Flakon aus vergoldetem Silber mit reicher Verzierung aus Perlen und Türkisen, Rußland, um 1850.

Unten, von links nach rechts:
Flakon aus grüner Emaille mit Silberfassung, mit der Punze von Meister K. F., Wien, 19.–20. Jh.
Emailleflakon, Frankreich, zweite Hälfte des 19. Jhs.
Flakon aus Porzellan und Silber, zweite Hälfte des 19. Jhs.

Oben, von links nach rechts:
Flakon aus Glas und Silber, Böhmen, um 1860.
Flakon aus bemaltem Glas, Böhmen, um 1860.
Glasflakon, J.&L. Lobmeyr, Wien, um 1880.

Unten, von links nach rechts:
Tischflakon aus reinweißem Beinglas, Neuwelt, Böhmen, 1835-1845.
Porzellanflakon, Wien, 1770–1780.
Flakons aus Glas und Zinn, Deutschland, Mitte des 18. Jhs.

Oben, von links nach rechts:
Flakon aus facettiertem Glas mit feinen Goldverzierungen und vasenförmigem Verschluß, Böhmen, um 1840.
Kristallflakon, Böhmen, 19. Jh.
Flakon aus facettiertem Uranglas mit einzigartiger Farbe, Böhmen, um 1875.

Unten, von links nach rechts:
Flakon aus Beinglas mit goldener Verzierung, Frankreich, 1870.
Porzellanflakon mit Engeln und goldenem Muster, Dresden, 19. Jh.
Flakon, Böhmen, um 1850.
Flakon aus Jaspisporzellan, Wedgwood oder Turner, England, Ende des 18. Jhs.

Oben, von links nach rechts:
Flakon aus Glas mit goldenem Fadenmuster, Böhmen (?), 19. Jh. (?).
Meßkännchen aus Bronze, Frankreich, 1880.
Tischflakon aus Porzellan, im chinesischen Stil,
Böhmen, 1834–1835.

Unten, von links nach rechts:
Porzellanflakon in abgeflachter Rundform, vollständig vergoldet,
mit einem Vogel auf einem Zweig, England, 19. Jh.
Jaspisflakon mit Montierung aus feinziseliertem Silber mit
eingefaßten Rubinen und Saphiren, Frankreich, 18.–19. Jh.
Flakon aus Hyalit, Böhmen, um 1830.

Das Parfüm im 20. Jahrhundert

Oben: *Chypre* von Coty (1917).
Links: *Madrigal* von Molinard (1930).
Unten links: *Rue de la Paix* von Corday (1952).
Unten rechts: *Magie* von Lancôme (1950).

Am Ende des 19. Jahrhunderts beschäftigte die französische Parfümindustrie rund zwanzigtausend Menschen und erzielte ein Drittel ihres Umsatzes durch ihre Exporte. Die Pariser Weltausstellung 1900 bestätigte diesen Erfolg. Die der Parfümerie gewidmete Abteilung war prachtvoll mit einem zentralen Brunnen dekoriert, der die verschiedenen Aussteller miteinander verband. Letzere hatten keine Mühen gescheut, sich an die Träger großer Namen des Jugendstils zu wenden, um ihre Ausstellungsflächen zu dekorieren. So hatte Hector Guimard, der die Dekoration der Pariser Metroeingänge entworfen hatte, die Flakons für den Parfümeur Maillot gezeichnet, und der Grafiker Alfons Mucha hatte bei Houbigant geglänzt.

Neben dem Parfüm selbst, seinem Duft, gewannen andere Elemente an Bedeutung, wie z.B. das Flakon, seine Verpackung und die Werbung um das Produkt. Die Parfümeure arbeiteten mit den Großen der Glaskunst (Lalique, Baccarat), mit Grafikern und Werbefachleuten zusammen. Besonders fruchtbar war die Kooperation zwischen dem Parfümeur François Coty und dem Künstler René Lalique. Sie ermöglichte es dem Kristallhersteller, seine Techniken zu vervollkommnen, und bald stellte er neben den Flakons für Coty auch die Behälter anderer Parfümeure wie D'Orsay, Guerlain, Lubin, Molinard, Piver, Roger & Gallet, Volnay her. Andere Glasmacher trugen zum Aufschwung der Flakonindustrie bei: zunächst Baccarat, mit der Kreation zahlreicher Flakons für Guerlain *(Mitsouko, Shalimar, Coque d'or),* Deprez, Houbigant und Caron *(Narcisse noir);* später die Glashütte Brosse, die seit den 20er Jahren dank des Flakons für das *N° 5* von Chanel und der berühmten schwarzen Kugel für *Arpège* von Jeanne Lanvin eine explosionsartige Entwicklung erfuhr.

Die Parfüms ihrerseits entwickelten sich stetig weiter, entgingen sie doch nunmehr der Vergänglichkeit und der Zufälligkeit. Als erster verband François Coty in seinen Kompositionen natürliche Duftstoffe mit künstlich zusammengesetzten Düften. *L'Origan,* das er 1905 kreierte, war das erste der großen modernen Parfüms. 1917 entstand *Chypre,* das einer großen Duftfamilie mit Eichenmoos-, Ziste-Labdanum-, Patchouli- oder Bergamottennoten den Namen geben sollte. Sogenannte orientalische Parfüms, auch Ambrietten genannt, entwickelten sich aus zart-süßen, pudrigen, vanilleartigen und tierischen Düften, wie wir sie heute in *L'Heure bleue* und *Shalimar* von Guerlain riechen können.

Wenn die Syntheseprodukte am Ende des 19. Jahrhunderts die Parfümkomposition revolutioniert hatten, sollte nun eine neue Art von

Parfümeuren die Parfümindustrie selbst grundlegend verändern: die Couturiers. 1911 hatte Paul Poiret, der dafür berühmt geworden war, daß er die Frau von ihrem Korsett befreit hatte, als erster die Idee gehabt, ein Parfüm zu vertreiben, um seine Kollektionen zu ergänzen. Aber erst die große Gabrielle Chanel brachte 1921 ein Parfüm auf den Markt, das ihren Stempel trug. Und der erste Versuch wurde zu einer Meisterleistung. Das von nun an legendäre *N° 5* von Ernest Beaux war das erste Parfüm mit Aldehyden, sehr kräftigen Syntheseprodukten, die den Kompositionen außer ihrem Geruch auch eine sehr starke Ausstrahlung verliehen. Lanvin verwendete dann diese Produkte in *Arpège*.

In den 30er Jahren kamen jene Düfte mit trockenen und blumigen Noten auf, die an den Geruch von Leder erinnerten (*Scandal* von Lanvin oder *Cuir de Russie* von Chanel). Die blumigen Düfte entwickelten sich mit Parfüms wie *Je reviens* von Worth (1932), *Fleurs de rocaille* von Caron (1933) oder *Joy* von Jean Patou (1935). Nach dem Zweiten Weltkrieg erlebte man mit *Femme* von Rochas (1944), *Ma Griffe* von Carven oder *Miss Dior* (1947) eine Weiterentwicklung der Chypre. *L'Air du temps von* Nina Ricci (1947) brachte eine neue Dimension in die blumige Familie ein, genauso wie *Vent vert* von Balmain (1945). In den 50er Jahren erreichte die französische Parfümindustrie ihren Höhepunkt. Nach Poiret, Chanel, Worth, Lanvin und Patou hatten sich alle Großen der Mode dem Parfüm zugewandt: Elsa Schiaparelli (deren Flakons wie der Mensch selbst durch ihre Originalität verführten), Pierre Balmain, Carven, Jacques Fath, Christian Dior, Nina Ricci, Hubert de Givenchy. Frankreich hatte auch die größten Parfümeure. Einer von ihnen, Edmond Roudnitska, vollzog eine neue kleine Revolution in der Parfümerie, indem er Hedion in einer sehr schönen Herrenkreation, *L'Eau sauvage,* verwendete. Eben zu dieser Zeit erfuhren nämlich die „Herrendüfte" ihren Aufschwung. Damals wurde auch die internationale Konkurrenz durch die Ankunft der ersten amerikanischen Parfüms in Europa größer. Heute ist das Parfüm mehr denn je Gegenstand einer Luxusindustrie, die sich wie alle wirtschaftlichen Sektoren gewissen Zwängen nicht entziehen kann. Die „Nasen" können die Rechnung nicht mehr ohne die unbarmherzige Logik der Marketingabteilungen machen und müssen eine immer anspruchsvollere Kundschaft anlocken. Während das Parfüm im 20. Jahrhundert durch die Fortschritte der Duftchemie bereichert wurde, wird es im 21. Jahrhundert Moden überdauern, der Versuchung der Bequemlichkeit widerstehen und so revolutionäre Technologien wie die Genforschung mit einbeziehen müssen. Und dies natürlich, ohne dabei aus den Augen zu verlieren, daß es das Ergebnis einer künstlerischen Entwicklung bleibt.

Die ganze Kunst der modernen Parfümerie besteht in einer harmonischen Mischung von natürlichen und synthetischen Rohstoffen. Man wird noch lange Lavendelblüten pflücken.

Der Geruch inspirierte auch Künstler wie Salvador Dalí. Dieses Flakon ist das Beispiel einer gelungenen Verbindung zweier Kunstarten: des Parfüms und der Bildhauerei.

Oben, von links nach rechts:
Golliwogg von De Vigny. Flakon mit Kunstpelz von Brosse, Paris, um 1925. Vorbild für dieses Flakon war eine amerikanische Hampelmannfigur, die durch ein in England veröffentlichtes Kinderbuch bekannt wurde. Zur gleichen Zeit trat das erste schwarze Jazzorchester in Frankreich auf.
L'Origan von Coty, Paris, 1905.
Rêve d'or von L.T. Piver. Design und Graphik von Louis Süe, Flakon aus Baccarat-Glas, Paris, 1926.

Unten, von links nach rechts:
Liu von Guerlain. Flakon aus Baccarat-Glas, Paris, um 1929.
Prince Douka von Marquay. Glasflakon mit Umhang aus Satin, Verschluß in Gestalt eines Kopfes mit einem indischen Maharadscha-Turban, besetzt mit einem falschen Diamanten, Paris, 1951.
Perlinette von Volnay. Glasflakon mit perlmuttartiger Beschichtung vom Glaskünstler André Jolivet, Kreation und Herstellung der Glashütte Nesle Normandeuse, um 1929.

Oben, von links nach rechts:
L'Aimant von Coty. Das Flakon ruht auf einem Schuh aus Kunststoff, Paris, um 1940.
Si von Elsa Schiaparelli. Flakon in Form einer Chianti-Flasche, Paris, 1935.
N° 5 von Chanel, Paris, 1921.
Shalimar von Guerlain, Paris, 1925.
Miss Dior von Christian Dior, Paris, 1947.

Unten, von links nach rechts:
Shocking von Elsa Schiaparelli, Paris, 1936.
Sleeping von Elsa Schiaparelli. Flakon aus Baccarat-Glas, Paris, 1938.
Aladin Rosine von Paul Poiret, Paris, 1923.

COCO
PARFUM
CHANEL
PARIS

Von der Blüte zum Flakon

Es ist interessant festzustellen, daß diejenigen, die am besten über Parfüm sprechen können – berühmte „Nasen“, Rosenzüchter aus den Hochebenen bei Grasse, bedingungslose Anhänger eines einzigen Duftes, Rohstoffhersteller –, unweigerlich Verbindungen zwischen Parfüm, Kochkunst und Musik knüpfen, während sie bunt durcheinander Noten, Zutaten, Ruhezeiten, Tonfarben, Glasur, Harmonie erwähnen. Wahrscheinlich weil all diese scheinbar sehr unterschiedlichen Tätigkeiten gleichermaßen Lernen und Intuition, Einhaltung von Regeln und Improvisation, immer höher entwickelte Techniken und traditionelles Wissen miteinander verbinden.

Der lange Weg des Parfüms von der Blüte zum Flakon beginnt mit der Qualität der Rohstoffe. Eine schlechte Rosenlese, die unter Niederschlägen oder Hitze litt, ist für den Parfümeur genauso katastrophal wie eine schlechte Traubenlese für den Winzer.

Dieser Qualitätsanspruch ist in der Chemie der gleiche: Schlechte Produkte ergeben schlechte Akkorde. Dieser Anspruch überträgt sich wiederum auf die Herstellungstechniken. Jahrhunderte mußten vergehen, bis der Mensch die Prozesse beherrschte, mit deren Hilfe sich Pflanzenessenzen gewinnen lassen. Mit Unterstützung der Wissenschaft konnte er künstlich das wiedererschaffen, was die Natur bietet, und es sogar übertreffen. Was haben sie gemeinsam, jene Frau auf den Komoren, die schon im Morgengrauen die kostbare Blüte des Ylang-Ylang-Baumes pflückt, jener Mann, der auf seinem Computerbildschirm die molekulare Definition einer Glyzinienblüte an sich vorbeiziehen sieht, und jene Fabrikarbeiterin, die die Flakons eines teuren Parfüms einzeln abwischt, bevor sie sie verpackt?

Eben diese weltweite Kette macht das Parfüm zu einer so beliebten, gleichzeitig elitären und universellen, in höchstem Maße persönlichen und dennoch dem kollektiven Geruchssinn preisgegebenen Substanz. Das Parfüm ist das alles, aber es ist auch das, was das Gedächtnis des einzelnen daraus machen will: kleiner, frischer Duft voller guter Vorsätze am Morgen, geheimnisvoller und würziger Duft, den wiederzufinden der Verliebte eines Abends sich auf immer und ewig bemühen wird, Modeparfüm, das man an jeder Straßenecke riechen kann.

Coco von Chanel und sein legendärer Jasmin aus Indien.

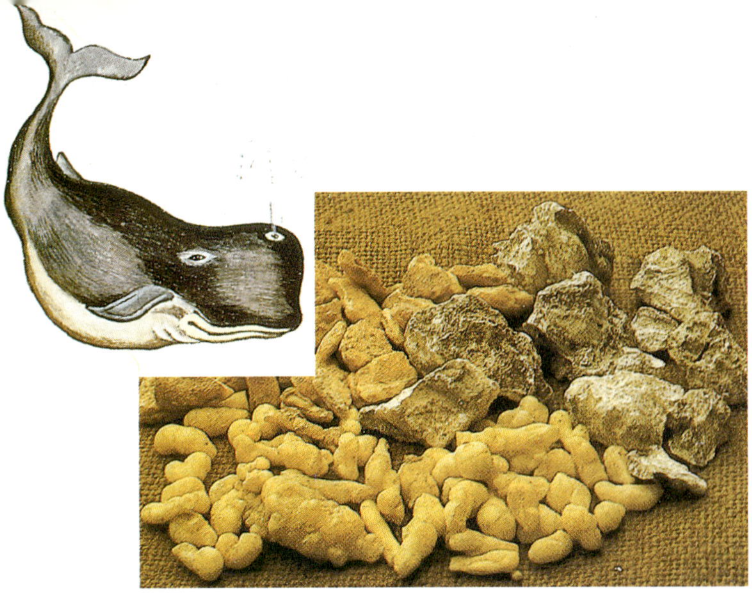

Der Pottwal sondert auf natürliche Weise ein riechendes Darmkonkrement ab, das als graue Ambra bezeichnet wird. Sie wird auf hoher See von Fischern eingefangen oder von Strandspaziergängern aufgesammelt und so den herkömmlichen Produktionsprozessen entzogen, was sie zu einem seltenen Rohstoff teurer Parfüms werden läßt.

Die Rohstoffe tierischer Herkunft

Was würden Sie sagen, wenn Sie erführen, daß ein niedlicher kleiner Biber dazu dienen kann, Ihr Lieblingsparfüm herzustellen, oder daß man die Bauchdrüse eines Moschushirsches entfernt hat, um den Duft kräftiger zu machen? Beruhigen Sie sich: Diese Praktiken, die vor ein paar Jahren noch angewandt wurden, unterliegen heutzutage einer sehr strengen Reglementierung. Dennoch lohnt es sich, sie näher zu betrachten, und sei es nur, um die Vorteile der Syntheseprodukte schätzen zu lernen und die Rolle dieser Substanzen in der Zusammensetzung eines Parfüms zu begreifen.

Graue Ambra

Die Parfümeure verwenden Ambra, um flüchtige Parfüms zu fixieren. Diese Substanz ist ein Darmsekret des Pottwals. Die großen Kopffüßer (Sepien, Kraken, Tintenfische) spielen wahrscheinlich eine Rolle bei dessen Aufbau im Inneren des Verdauungstrakts des Pottwals: Ihre Schnäbel verletzen die Darmwand des Tieres, das dann eine pastenartige Substanz absondert. Die flottierte graue Ambra wird vom Pottwal spontan ausgeschieden oder nach seinem natürlichen Tod im Laufe der Verwesung seines Kadavers freigesetzt. Ihre Nutzung gefährdet also diese im übrigen streng geschützte Tierart nicht. Die Ambra, die leichter ist als Wasser, wird von den Strömungen fortgetragen. Mit der Zeit verbleicht sie unter der gemeinsamen Einwirkung von Sonne und Wasser und wird so auf natürliche Weise verfeinert. Man liest sie im Meer oder an den Ufern auf. Wenn sie bei den Parfümeuren ankommt, ist die Ambra leicht, porös, hellgrau oder weiß. Nachdem sie einige Monate getrocknet hat, weicht ihr unangenehmer Fischgeruch einem typischen, untergründig an Meeresufer erinnernden Duft, der sich manchmal mit einem vagen Teegeruch vermischt. Nach einer mehrere Monate andauernden Kaltmazeration in reinstem Alkohol wird sie zu einem höchst feinen Produkt, das als Fixateur für Parfüms hervorragender Qualität verwendet wird. Ambra tritt in Klumpen oder „Nieren" auf, deren Gewicht zwischen einigen zehn Gramm und über dreihundert Kilo variiert. Ambra ist extrem teuer und wird sparsam verwendet.

Der Biber hat zwei innere Drüsen, die eine ölige Substanz namens Castoreum absondern, mit der er sich einreibt, um sein Fell zu schützen. Der typische Druckerschwärzegeruch wird in Chypre-, ledrigen und Tabakparfüms verwendet.

Castoreum

Castoreum ist ein von zwei inneren Drüsen des Bibers abgesonderter Duftstoff. Diese ölige und lüstrierende Substanz ermöglicht es dem Tier, sein Fell einzufetten, um sich vor äußeren Einwirkungen zu schützen. Der Biber lebt heute nur noch in Nordamerika, Kanada und Rußland. Er wird im Januar gejagt, denn zu dieser Zeit ist sein Fell am schönsten. Dieses wird höher geschätzt als die Drüsen. Sie wiegen ungefähr hundert Gramm, und ihre Größe hängt vom Alter des Tieres ab. Castoreum bildet einen hervorragenden Fixateur in Duftkompositionen. Es wird als alkoholische, aus den zermahlenen Drüsen gewonnene Tinktur oder aber direkt als Resinoid bzw. Absolue verwendet. Es verleiht eine tierische, warme, gewissermaßen ledrige Note.

Die inneren Drüsen des männlichen Moschushirsches enthalten die Moschuskörner, die als Tinktur oder Aufguß den Parfüms eine sinnliche Note verleihen.

Moschus

In der Parfümerie ist Moschus das duftende Sekret einer Bauchdrüse des männlichen Moschushirsches. Diese Drüse weist eine ovale oder runde Taschenform von etwa drei bis acht Zentimeter Durchmesser auf und befindet sich unter dem Bauchfell des Tieres zwischen dem Nabel und den Geschlechtsorganen. Der Moschushirsch ist ein Wiederkäuer aus der Familie der Moschustiere, der auf den sehr hohen Hochebenen Asiens (Himalaja, Zentralasien) lebt. Er ähnelt einem kleinen primitiven Rehkitz und wiegt etwa zehn Kilo – ein Einzelgänger, der sein Gebiet mit seinen Sekreten markiert. Die Jagd nach diesem Tier wurde zu seinem Schutze verboten, und der Export von Moschus ist streng reglementiert. Früher mußte man das Moschustier töten, um seine Drüsen zu entnehmen. Dann versuchte man, es zu züchten, aber die Sekretbildung hörte in der Gefangenschaft auf. Es scheint, daß die harmloseste Technik darin besteht, das Tier während der Brunst – der Zeit, in der es den Moschus produziert – zu fangen und ihm unter Narkose seine Drüsen durch Curettage zu entfernen und es dann wieder freizulassen. Man braucht rund vierzig Drüsen, um ein Kilo Moschus zu gewinnen. Nachdem sie aus der Drüse entnommen wurden, bilden die Moschuskörner eine stark ammoniakartige, wie gemahlener Kaffee aussehende Substanz mit unerträglichem Gestank. Durch Verdünnung in einer alkoholischen Tinktur erhält man eine animalische, sinnliche Note, die den Parfüms Fülle verleiht. Während Moschus in der griechischen und römischen Antike und später in der Renaissance neben Ambra und Weihrauch der beliebteste Rohstoff der Parfümeure war, wird er heutzutage kaum noch verwendet. Die Parfümeure haben ihn durch preiswertere synthetische Moschusriechstoffe ersetzt.

Die Zibetkatze lebt in Äthiopien. Der sich neben ihren Geschlechtsorganen befindende Beutel sondert eine Paste mit starkem animalischem Geruch ab, die von den Parfümeuren genutzt wird.

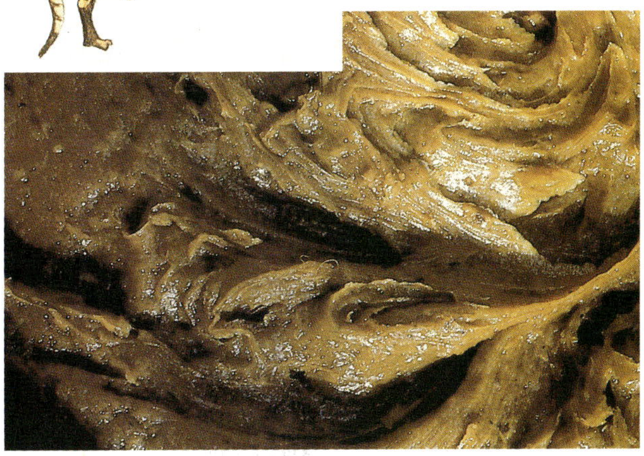

Zibet

Die Zibetkatze ist ein kleines Tier aus der Familie der Schleichkatzen und wiegt durchschnittlich zwanzig Kilo. Dieser fuchsgroße und sehr aggressive Einzelgänger hat lange Schnurrhaare, durchdringend blickende Augen, ein graues, schwarzgeflecktes Fell und einen langen Schwanz. Die in der Parfümerie gebrauchte Zibetkatze lebt in den südöstlichen Regionen Äthiopiens, wo sich immer mehr Zuchtanlagen finden. An ihren Geschlechtsorganen befindet sich eine mondsichelförmige Tasche, die das Viverreum absondert, eine weiche beige bzw. braune und stark riechende Paste, die durch Curettage entnommen wird. Mit anderen Produkten vermischt, verliert diese Substanz ihre Aggressivität und verleiht dem Parfüm eine warme, animalische und sinnliche Ausstrahlung.

Die Rohstoffe pflanzlicher Herkunft

Jasmin: In Grasse, wo alle Blumen mit ihrem eigenen Namen bezeichnet werden, wird er lediglich „die Blume" genannt.

Das Pflücken der Mairose in Grasse findet nur einmal im Jahr statt und dauert nur drei Wochen. Dabei verhält es sich wie mit der Weinlese: Einige Jahrgänge sind besser als andere.

Die Jasminlese findet bereits im Morgengrauen statt. Die Jasminblüte ist so leicht, daß man nur siebenhundert Gramm in der Stunde pflücken kann. Man braucht rund achttausend Blumen, um ein Kilo Jasmin zu gewinnen.

Blüten sind die in der Parfümerie am häufigsten verwendeten Pflanzenbestandteile, jedoch nicht die einzigen. Einige der Rohstoffe, die wir täglich zu anderen Zwecken benutzen, sind den Parfümeuren ebenfalls bestens vertraut.

Blüten, Blütenblätter und Knospen

Wenn die Assoziation zwischen Blüte und Parfüm heutzutage selbstverständlich erscheint, so erfolgte die Nutzung von Blüten in der Parfümerie nicht von heute auf morgen. Die Menschen mußten die größte Phantasie und Kühnheit entfalten, um die Vielfalt und die Magie des „pflanzlichen Geistes" in einem Flakon wiederzugeben.

Rose

Von allen Blumen ist die Rose seit über dreitausend Jahren zweifellos die beliebteste der Parfümliebhaber. Homer beschreibt das durch Mazeration der Blütenblätter in Olivenöl erhaltene Rosenöl, das Aphrodite benutzte, um Hektors Körper einzureiben. Die islamische Parfümerie destillierte als erste die Blütenblätter der Damaszener Rose. Die persische Stadt Schiras wurde bereits im 8. Jahrhundert für ihr Rosenwasser berühmt, das sie bis zum 17. Jahrhundert nach Europa, Indien und China exportierte. Neben dem Gebrauch im kulinarischen und pharmazeutischen Bereich wurde das Rosenwasser von den abendländischen Parfümherstellern von der Renaissance bis zum 19. Jahrhundert hochgeschätzt. Die persischen Schahs füllten gar ihre Matratzen mit den kostbaren Blütenblättern.

Die Parfümerie nützt zwei der Hunderte von bekannten botanischen Rosenarten: die *Rosa centifolia,* auch Mairose oder Rose der Provence genannt, die in Grasse und in Marokko vorkommt, und die *Rosa damascena,* die Damaszener Rose oder Rose von Kazanlük, die in Bulgarien und der Türkei gezüchtet wird. Die Zentifolie von Grasse ermöglicht es, ein Konkret und eine Absolue durch Extraktion anhand von flüchtigen Lösungsmitteln zu gewinnen. Die Zentifolie aus Marokko und die türkische Damaszener Rose werden zugleich mit Lösungsmitteln und mit Wasserdampf behandelt, wobei durch diesen letzten Vorgang ein ätherisches Öl erzeugt werden kann (siehe Seite 51). Die bulgarische *Damascena* wird ihrerseits nur mit Dampf behandelt. Die Rosenlese ist besonders heikel. Der schlimmste Feind ist die Sonne, denn in der hochsommerlichen Hitze ist der Duft der Rose zwar stärker, aber weniger lieblich. Die Lese findet also bereits im Morgengrauen statt, Blüte für Blüte, möglichst schnell. Gegen 8:30 Uhr ist die Blüte besonders reich an flüchtigen Substanzen. Ein erfahrener Landarbeiter pflückt fünf bis acht Kilo Blütenblätter in der Stunde, und die leistungsfähigsten schaffen bis zu fünfzig Kilo pro Tag. Wenn diese Zahl auf den ersten Blick auch sehr hoch erscheinen mag, muß man wissen, daß fünf Tonnen Blüten nötig sind, um ein einziges Kilo Essenz zu erhalten. Dieses ätherische Öl enthält rund dreihundert Molekularbestandteile, von denen einige nur schwer identifizierbar sind. Das erklärt, warum es der Synthese noch nicht gelungen ist, diesen subtilen natürlichen Grundstoff perfekt nachzuahmen. Wir sollten nicht darüber klagen: Neben den wunderschönen Rosenfeldern, die unser Auge erfreuen, kitzeln sehr schöne Düfte unsere Nasen wie *Joy* von Jean Patou oder das herrliche *Paris* von Yves Saint Laurent.

Jasmin

Blumige, warme, tierische, würzige, fruchtige, likörartige Note – die Liste der olfaktorischen Eindrücke, die mit dem Jasmin verbunden werden, ist unendlich. Seine Verbindung mit der Parfümerie ist so eng, daß in Grasse, wo alle Blumen mit ihren genauen Namen bezeichnet werden, Jasmin lediglich „die Blume" genannt wird. Die von den Parfümeuren verwendete Art ist *Jasminum grandiflorum*. Dieser ursprünglich aus Zentralasien und Persien stammende Strauch wurde 1560 in Grasse eingeführt und erlebte seine Hochzeit im 19. und am Anfang des 20. Jahrhunderts.

Heute gibt es in Grasse nur noch einige Jasminfelder, alle kleiner als zehn Hektar, wenn auch große Marken wie Patou oder Chanel seit kurzem Abkommen mit den Anbauern abgeschlossen haben, die den Jasmin für ihre Kompositionen direkt verwerten. Es finden sich auch Kulturen in Ägypten, Italien, Marokko und Indien, wo die Löhne wesentlich niedriger als in Fankreich sind. Jasmin blüht von August bis Oktober.

Wenn die Jasminproduktion heutzutage auch ziemlich reduziert wurde, muß man dennoch wissen, daß sie am Anfang des Jahrhunderts zweihundert Tonnen pro Jahr betrug und zwischen 1930 und 1940 sogar zweitausend Tonnen erreichte. Wenn man bedenkt, daß achttausend Blüten nötig sind, um ein Kilo Jasmin zu gewinnen, kann man sich kaum vorstellen, wie viele Sträucher und wie viele Arbeitskräfte damals notwendig waren! Wie bei der Rose erfolgt die Blütenlese vor Sonnenaufgang, da befürchtet wird, daß Morgentau und Hitze den kostbaren weißen Blüten schaden könnten. Die Blüten werden einzeln gepflückt. Ein guter Pflücker erntet etwa siebenhundert Gramm Jasmin in der Stunde. Nachdem die Blüten auf schnellstem Wege zur Fabrik geführt wurden, werden sie durch Extraktion behandelt (siehe Seite 52). Man benötigt siebenhundertfünfzig Kilo Blüten, um ein Kilo Absolue zu gewinnen.

In den 30er Jahren enthielten einige Parfüms bis zu 10 % absolute Jasminessenz; heutzutage liegt dieser Anteil bestenfalls bei 1 bzw. 2 %. In der Parfümerie ist Jasmin die am häufigsten verwendete weiße Blume.

Die *Rosa centifolia* oder Mairose ist eine der beiden von den Parfümeuren verwendeten Rosenarten. Jedes Jahr werden aus ihr einige Kilo der teuersten absoluten Essenz der Welt gewonnen.

Die Tuberose blüht das ganze Jahr im Staat Karnataka, im Südosten Indiens. Aber die Blütenlesen vom Juli und August ergeben die beste olfaktorische Note.

Die in der Parfümerie verwendete Narzisse wächst in 1000 Metern Höhe. Blüte und Stengel ergeben eine absolute Essenz, die mit grünen und tierischen Noten sehr gut harmoniert.

Die Mimose, jene blütenblätterlose Winterblume, wird nur selten in der Hauptnote verwendet. Ihre warme, pudrige und blumige absolute Essenz unterstützt blumige Kompositionen.

Tuberose

Die betörende *Polianthes tuberosa,* auch Tuberose genannt, stammt aus Mexiko und wurde im 17. Jahrhundert in Frankreich eingeführt; in Grasse wurde sie dann gezüchtet. Am Hof des Sonnenkönigs war sie besonders beliebt; die schönen Damen schmückten damit ihre Korsagen. Heutzutage kommt der Großteil der Produktion aus dem Staat Karnataka im Südosten Indiens, wo die Tuberose das ganze Jahr über blüht. Ihr Duft ist voll, warm und mit balsamischen Noten. Die Parfümeure benutzen sie in orientalischen Kompositionen wie *Poison* von Christian Dior.

Narzisse

Diese Gebirgsblume mit dem unvergeßlichen Duft blüht und gedeiht auf den Wiesen des Jura, der Alpen und des Zentralmassivs. In Frankreich zählt man ein Dutzend Narzissenarten, darunter die Jonquille. Die Parfümeure verwenden den *Narcissus poeticus,* eine sehr seltene Art, die im Mai blüht. Die Blätter, der Stengel und die Blüte werden durch Extraktion mit Lösungsmitteln behandelt. Die gewonnene absolute Essenz erinnert an den Geruch der Blüte mit einer zusätzlichen kleinen grünen Note, die auf die Verarbeitung des Stengels zurückzuführen ist. Die so erzielte Note ist sehr kräftig.

Mimose

Die Mimose stammt aus Australien und hat sich in Frankreich gut eingelebt. Von Ende Januar bis Anfang März bedeckt sie die Massive der Alpes-Maritimes und des Var und verleiht ihnen eine schöne sommerliche Farbe. Tatsächlich bestehen die goldenen Kugeln nicht aus Blütenblättern, sondern aus Staubgefäßen, was ihre Empfindlichkeit erklärt. Es ist nämlich nicht möglich, geschnittene Mimosen länger als vierundzwanzig Stunden aufzubewahren. Verarbeitet werden die Blüten und Blätter, sie ergeben eine absolute Essenz, die an den gleichzeitig zarten und „kitzeligen" Geruch der Blüte erinnert. Diese Blume gefällt den Angelsachsen besonders, aber sie wurde nie wirklich in der Hauptnote genutzt.

Orangenblüte

In Grasse ist es Tradition, Paaren, die im April/Mai heiraten, eine Orangenblütengirlande zu schenken. Sie stammt vom *Citrus aurantium amara* oder Bitterorange ab, einem im Süden Chinas heimischen Baum, der zur Zeit der Römer in den Mittelmeerraum eingeführt wurde.

Nach der Destillation erhält man eine Essenz namens Neroli. Das nach dieser Verarbeitung gewonnene Wasser ist das berühmte Orangenblütenwasser. Es ist auch möglich, eine absolute Essenz aus der Orangenblüte durch Extraktion mit Lösungsmitteln zu gewinnen. Die Ausbeute ist sehr gering: Aus einer Tonne Blüten gewinnt man kaum ein Kilo Neroliöl. Blätter und Zweige des Bitterorangenbaumes werden ebenfalls verarbeitet und ermöglichen die Gewinnung einer Essenz namens Petitgrain, während die Orangenschale durch Expression verarbeitet wird und eine Bigarade genannte Essenz ergibt.

Die Blüten des Bitterorangenbaumes liefern eine Essenz namens Neroli – nach der Herzogin Orsini von Neroli, die dieser Duft im 16. Jh. in Verzückung versetzte. Neroli ist ein reines, frisches Produkt mit einer dennoch warmen und animalischen Note, das in keinem Eau de Cologne fehlen darf.

Lavendel

Bei Lavendel denkt man unweigerlich an die Provence oder auch an den sauberen, aus Waschmitteln strömenden Duft, aber in der Parfümerie ist er kaum noch in Mode – ein ungerechtes Los, denn diese Pflanze hat eine interessante olfaktorische Note.

Im Gegensatz zu der vorgefaßten Meinung verdanken die Hügel des Lubéron und die Hochebenen von Manosque im August ihre Schönheit nicht dem Lavendel, sondern einer Hybride: der Lavandinpflanze. Der echte Lavendel, der in der Parfümerie verwendet wird, ist eine nicht so hoch wachsende Pflanze mit dünnem Stengel, deren Selbstkostenpreis wesentlich höher ist. Man findet ihn in den Alpen ab tausend Meter Höhe, aber vor allem in Großbritannien. Am Anfang des Jahrhunderts zeichneten sich die Briten in der Tat mit zwei Einblumenkreationen mit Lavendelnote aus: *English Lavender* von Atkinsons (1910), das erste Herren-Eau de Toilette, und *Old English Lavender* von Yardley (1913), die unentbehrliche Ergänzung der britischen Tweedkleidung. Später trat Caron ihre Nachfolge mit *Pour un homme* (1934) an. Wenn die Parfümeure heutzutage vermutlich auch nicht wagen würden, ein Parfüm mit dem typischen Lavendelgeruch auf den Markt zu bringen – der unzertrennlich mit demjenigen der frischen Wäsche verbunden ist –, benutzen sie ihn doch in den Herren-Eaux de Toilette in der Kopfnote, um den Kompositionen Frische zu verleihen.

Während Lavendel zu Anfang des Jahrhunderts sehr beliebt war, wird er aufgrund seines intensiven Gebrauchs in der Waschpulver- und Raumparfümindustrie kaum noch verwendet.

Ylang-Ylang

Cananga odorata forma genuina, bekannter unter dem Namen Ylang-Ylang, ist eine Blume, die an die liebliche und feuchte Hitze der Tropen erinnert. Sie stammt von den Philippinen, emigrierte zu den Komoren und nach Madagaskar, wo sie heute noch gezüchtet wird. Im wilden Zustand ist Ylang-Ylang ein Baum mit gewundenen Zweigen, der bis zu fünfundzwanzig oder dreißig Meter Höhe erreichen kann. Wird er gezüchtet, stutzt man den Baum auf ein Meter achtzig. Ylang-Ylang ist die Blume der Wollust und der Verführung. Die Parfümeure benutzen gerne diese Note, die sehr schnell steigt – man sagt, daß sie „einen schnellen Duftauftakt" hat –, dann blumiger und pudriger wird und in einer Komposition lange anhält.

Ylang-Ylang, die „Blume der Blumen", wie die Parfümeure ihn nennen, wächst auf einem von den Philippinen stammenden Baum. Die Blütenlese erfolgt, wenn die Blüten eine intensive Gelbfärbung angenommen haben und die Mitte der Blütenblätter eine kleine rote Färbung aufweist.

Zu erwähnen wären noch die Jonquille *(Narcissus odorus),* eine der ersten Blumen des Jahres, mit einem delikaten und durchdringenden Duft, sowie die Hyazinthe *(Hyacinthus orientalis),* die in Glöckchen erblüht und eine sehr erfrischende Absolue ergibt. Diese beiden Blumen werden in der Parfümerie immer weniger genutzt. Sie werden durch Akkorde ersetzt, die ihre olfaktorische Zusammensetzung wiedergeben. Ebenfalls zu erwähnen wären die Blüten der Immortelle, die getrocknet eine warme würzige Essenz mit leichten Tabak- und Ledernoten liefern, die Kassia oder Farnesenakazie – ein großer Dornbusch (nicht mit Kassis, der Schwarzen Johannisbeere, zu verwechseln), dessen gelbe Blüten an die Mimose erinnern und eine warme und delikate Absolue ergeben, die sich gut mit der Iris und dem Veilchen kombinieren läßt – sowie der duftende Olivenbaum *(Osmanthus fragrans)* – ein Zierbaum, den die Chinesen seit zweitausendfünfhundert Jahren kennen und dessen Blüte eine sehr schöne Absolue mit fruchtig-blumigen Noten liefert. Nicht zu vergessen wäre die Tagetes *(Tagetes glandulifera* oder *patula)*, die eine subtile, gleichzeitig blumige, grüne und fruchtige Essenz ergibt, sowie auch der Ginster.

In dieser Aufzählung fehlen einige Namen. Während zu Beginn des Jahrhunderts in der Region um Grasse noch zweihundert Tonnen Nelken verarbeitet wurden, ist die Produktion heutzutage gleich Null. Der Duft der Nelke wird künstlich hergestellt. Dem Flieder geht es nicht wesentlich besser, weil seine Extraktion kaum Ergebnisse bringt. Geißblatt und Maiglöckchen widersetzen sich jeder Destillation bzw. Extraktion. Als ob die Natur, erbost, so oft zerstampft zu werden, sich eine kleine Revanche gönnte.

Relevant für die Parfümeure sind die Wurzeln der Iris. Die besten werden in Florenz angebaut, wo sie auch bis zur Trocknung liegen.

Mehrere Kieferarten liefern eine Essenz bzw. ein Resinoid, die vor allem in der industriellen Parfümerie verwendet werden.

WURZELN UND WURZELSTÖCKE

Während die Blüten einiger Pflanzen keine Extraktionsmöglichkeiten bieten, liefern ihre Wurzeln dagegen sehr schöne Essenzen. Die Parfümeure verwenden diese Wurzelstöcke in zahlreichen Kompositionen.

Iris

Von den dreihundert bekannten Irisarten werden lediglich zwei, *Iris pallida* und *Iris florentina,* die hauptsächlich in Marokko und in der Region von Florenz gezüchtet werden, in der Parfümerie verwendet. Von den Parfümeuren begehrt wird die Wurzel. Ihr Geruch unterscheidet sich von dem der Blüte und hat die Eigenart, nach der Verarbeitung dem des Veilchens zu ähneln Drei Jahre liegen zwischen dem Einpflanzen des Wurzelstocks und der Ernte. Drei zusätzliche Jahre sind notwendig, um den Wurzelstock trocknen zu lassen und einen optimalen olfaktorischen Ertrag zu erzielen. Die Wurzeln werden dann zermahlen, in Wasser getaucht und destilliert. Eine Tonne Iriswurzeln ergibt zwei Kilo eines extrem teuren ätherischen Öls. Der Duft dieses sehr schönen Produktes ist subtil und sehr kräftig. Es verleiht eine hartnäckige, schwere und holzige blumige Note. Man spricht von irisartigem Duft, wenn die Iriswurzeln die Hauptnote bilden.

Unter den anderen Pflanzen, deren Wurzelstöcke man nutzt, ist der in China, Indien, Liberia und auf Jamaika angebaute Ingwer *(Zingiber officinale)* zu erwähnen, er wird aber hauptsächlich in der Küche verwendet, die Parfümeure benutzen seine Essenz nach Destillation. Der Liebstöckel *(Levisticum officinale)* ist ein hochwachsendes Kraut, das bereits von den Römern angebaut wurde. Seine destillierten Wurzeln ergeben eine kräftige und warme Essenz, die in holzigen orientalischen oder würzigen Kompositionen Wunder wirkt. Die Parfümeure verwendeten ebenfalls die Wurzeln des Baldrians *(Valeriana officinalis)* und des aus Kaschmir stammenden Kostus', die nach der Destillation eine sehr ausgeprägte tierische Note ergeben, bevor die Gesetzgebung ihre Verarbeitung verbot. Das Vetivergras schließlich, *Andropogon squarrosus,* ist ein hauptsächlich auf Haiti, in Indien, Indonesien und auf Réunion angebautes Grasgewächs. Seine destillierten Wurzeln liefern ein ätherisches Öl, das nicht immer im Rohzustand in den Parfüms verwendet, sondern aus dem das Vetiverylacetat gewonnen wird.

BLÄTTER, GRÄSER, KRÄUTER UND STENGEL

Geranie

Von den zweihundertfünfzig Geranienarten hat die Parfümindustrie nur drei berücksichtigt, die auf den Hochebenen von Réunion und an den Ufern des Nildeltas gezüchtet werden. Das ätherische Geranienöl, das nach der Destillation der Blätter gewonnen wird, verleiht eine sehr angenehme blumige Note. Diese Essenz enthält Moleküle, die man ebenfalls in der Rosenessenz findet. Man spricht daher auch von Rosennote.

Patchouli

Das Symbol der Flower-Power der 70er Jahre, das Patchouli, wird aus den getrockneten Blättern vom in Indonesjen in großen Mengen angebauten *Pogostemon cablin* gewonnen. Sein sehr spezifischer Geruch ist zugleich kampferartig, erdig und holzig.

Veilchen

Verwendet wird das Blatt des Veilchens *(Viola odorata)*. Durch Extraktion mit Lösungsmitteln erhält man eine blumige, sehr grüne Absolue. Das Veilchen war am Anfang der modernen Parfümerie sehr geschätzt (*Vera Violetta* von Roger & Gallet 1892, *Violette pourpre* von Houbigant 1907). Heutzutage wird es häufig als Fixateur anderer Komponenten verwendet.

Myrte

Die Zweige von *Myrtus communis* liefern eine Essenz, die in kleinen Mengen den Kompositionen eine aromatische Note verleiht. Dieses Gewächs aus dem Mittelmeerraum wurde früher Venus gewidmet und war das Sinn-

Das Vetivergras von Réunion erschien 1850 auf der Insel. Seitdem ist es zu einer ihrer edlen Kulturen geworden und wird als Bourbon-Vetiver bezeichnet.

Das Basilikum aus der Provence ist eine der beiden für Parfüms genutzen Arten.

Der Muskateller-Salbei *(Salvia sclarea)* liefert eine Essenz bzw. eine Absolue, die erfolgreich in Herrendüften eingesetzt wird.

Die Blätter und nicht die Blüte der Geranie werden in der Parfümerie verwendet. Auf Réunion und in Ägypten werden die besten Arten angebaut, die mit denjenigen, die unsere Gärten schmücken, nichts gemeinsam haben.

Eichenmoos liefert eine in den Chypre-Akkorden unentbehrliche absolute Essenz.

Die Birkenessenz hat einen sehr starken ledrigen Geruch, der in den gleichnamigen Akkorden verwendet wird.

Sandelholz wird von den Indern seit der Antike sehr geschätzt. Sie verwenden es für ihre religiösen Räucherungen, als Tischlereimaterial oder destilliert in der Parfümerie.

bild der glücklichen Liebenden. Die Römer aromatisierten ihre Weine mit seinen Zweigen und Früchten und benutzten seine Blätter für ihr Bad.

Zu den anderen genutzten Pflanzen zählen Beifuß (ein Kraut, das eine grasartige aromatische Essenz liefert), Basilikum (Basilikum aus der Provence und exotisches Basilikum), Zitronenkraut, Zypresse, Estragon, Eukalyptus, Fenchel, Lorbeer, Majoran, Mate (ein kleiner Baum aus Südamerika, aus dessen Blättern man Tee bereitet), Minze, Wilder Majoran, Petersilie, Kiefer, Salbei und Muskatellersalbei, Tabak, Thymian und Eisenkraut.

HÖLZER, RINDEN, MOOSE UND FLECHTEN

Diese schon seit Urzeiten für die Räucherungen verwendeten Bestandteile spielen eine wesentliche Rolle in der modernen Parfümindustrie, indem sie zur Erzeugung holziger und Chypre-Akkorde beitragen.

Zimt

Dieses im 16. Jahrhundert äußerst begehrte und wegen seines Aromas in heißem Wein oder Kuchen weltweit beliebte Gewürz wird auch in der Parfümerie in der Form von ätherischen Ölen verwendet. Die benutzte Art ist der Ceylon-Zimt *(Cinnamomum ceylanicum)*, der auf der Insel Ceylon, auf Malaysia und den Seychellen wächst. Die kräftige und süße Zimtessenz ist in orientalischen Parfüms unentbehrlich.

Sandel

Amazone von Hermès, *Jicky* von Guerlain, *Métal* von Paco Rabanne – die Liste der Parfüms, die Sandelessenz verwenden, ist lang. Das Holz und die Wurzeln des *Santalum album* werden mit Wasserdampf destilliert und liefern ein warmes und umhüllendes ätherisches Öl. Das begehrteste stammt aus dem Staat Karnataka in Indien. Da die Wälder zur Zeit geschützt sind, gibt es keinen offiziellen Sandelholzanbau.

Moose

Das im Winter und am Frühlingsanfang in den gemäßigten Zonen geerntete Eichenmoos *(Evernia prunastri)* und das Baummoos *(Evernia furfurcea)* ergeben durch Extraktion mit Lösungsmitteln Absolues, die in Chypre- und grünen Kompositionen nicht fehlen dürfen (*Miss Dior* von Dior, *Quartz* von Molyneux oder *Kouros* von Yves Saint Laurent).

Zu den anderen in dieser Kategorie verwendeten Rohstoffen zählen auch Rosenholz, dessen Essenz durch Destillation des Holzes von *Aniba rosaedora*, eines in Brasilien, Peru und Guyana wachsenden Baumes, gewonnen wird, und in erheblichem Maße genauso wie die Birkenessenz zu den ledrigen Akkorden beiträgt. Schließlich werden einige holzige Akkorde mit Thuya- und Zedernholzessenzen komponiert.

HARZE, GUMMIS UND BALSAME

Die in der breiten Öffentlichkeit kaum bekannten, aber von den Parfümeuren hochgeschätzten Harze, Gummis, Harzgummis und Balsame sind natürliche oder durch Anritzen hervorgerufene Exsudationen (Ausschwitzung) einiger Bäume. Diese Bezeichnungen sind nicht austauschbar: Die Bestandteile haben nicht dieselben Lösungseigenschaften, und die Harze verfügen, im Gegensatz zu den Gummis, über ein sogenanntes riechendes Prinzip.

Siam-Benzoe

Dieses Harz wird durch Anritzen des Stammes des *Styrax tonkinensis*, eines in Laos und Vietnam wachsenden Bäumchens, gewonnen. Seine Extraktion durch Lösungsmittel ergibt ein Resinoid, das die Parfümeure zur Abrundung des Fonds ihrer Kompositionen verwenden.

Labdanum

Dieses Harzgummi wird durch Exsudation der Blätter einer Zistrose, des *Cistus ladaniferus,* eines Strauchs aus dem Mittelmeerraum, gewonnen. Seine Absolue ist in Chypre- oder Ambraakkorden sehr beliebt.

Weihrauch

Die *Boswellia carterii* oder *saera* ist ein strauchartiger Baum, der im Süden Arabiens und Somalias wild wächst. Die durch Destillation erhaltene Essenz verleiht in der Kopfnote von Kompositionen einen würzigen Beigeruch. Das durch Extraktion gewonnene Resinoid wird in der Herznote oder in der Basisnote der orientalischen bzw. holzigen Akkorde verwendet.

Galbanum

Dieses Harzgummi wird durch Anritzen des Stammes der *Ferula gabaniflua,* eines strauchähnlichen, hauptsächlich im Iran wachsenden Gewächses, gewonnen. Galbanum wird mit Wasserdampf oder Lösungsmitteln behandelt und liefert eine grüne Note, die in *Fidji* von Guy Laroche oder *Vent vert* von Balmain Wunder wirkt.

Myrrhe

Myrrhenharz, das erlesene Geschenk der Heiligen Drei Könige, stammt vom *Commiphora myrrha,* dem Commiphora-Baum. Die gewonnene

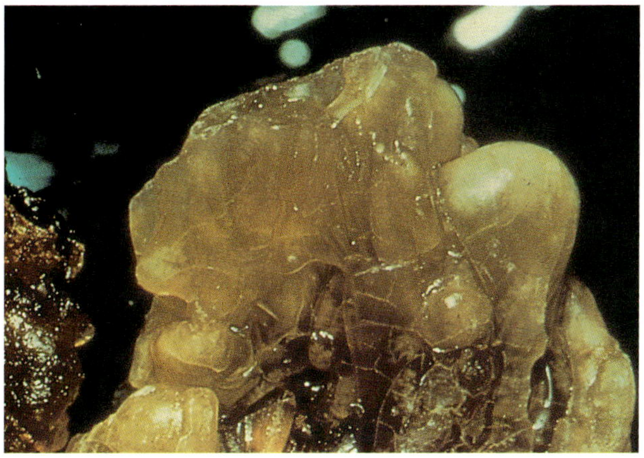

Das Harz der Siam-Benzoe.

Opoponax-Harz.

Die Zistenblätter schwitzen ein Gummi aus, das Labdanum.

Myrrhenharz.

Von oben nach unten: Die Frucht des *Citrus bergamia* (Bergamotte), die Frucht des *Citrus reticulata* (Mandarine), die Nuß der *Myristica fragrans* (Muskatnuß) und die Schote der *Vanilla planifolia* (Vanille).

Essenz bzw. das Resinoid ergeben eine Note, die an den Geruch von Unterholz erinnert. Die Parfümeure verwenden sie in Chypre- oder Fougère-Akkorden.

Zu erwähnen wären auch das Elemi, das aus dem exsudierten Harzgummi des Elemis von Manila, eines großen, auf den Philippinen wachsenden Baums stammt; das Opoponax, dessen Essenz und Resinoid an Myrrhe erinnern und in der Komposition des berühmten *Shalimar* von Guerlain verwendet werden; und der Tolu-Balsam, der von einem Baum aus Bolivien oder Venezuela stammt, dessen süß-lieblicher Geruch sich gut in die orientalischen Akkorde einfügt. Myrrhe, Weihrauch, Galbanum und Opoponax waren bereits in den Duftpräparaten der Ägypter vorhanden.

FRÜCHTE UND ZITRUSFRUCHTSCHALEN

Früchte weisen einen hohen Wasseranteil auf; ihre Aromen können in der Parfümerie nicht verwendet werden, weil sie zu verdünnt sind. Allein Zitrusfrüchte – deren Schalen riechende Öle enthalten – und Früchte, die getrocknet werden können, sind für die Verarbeitung geeignet. Die Parfümeure bezeichnen Zitronen, Mandarinen, Orangen usw., die für alle Eaux de Cologne und erfrischende Duftwässer verwendet werden, als „Hesperiden".

ZITRONE

Die kalt gepreßte (siehe Seite 53) Schale der Frucht des in Italien, Florida, Südamerika und der Elfenbeinküste angebauten *Citrus limon* liefert ein ätherisches Öl. Diese Essenz wird in der Kopfnote verwendet und verleiht eine gewisse Frische.

ORANGE

Aus der Schale der Bitteren Orange *(Citrus aurantium amara)* und der Süßen Orange *(Citrus aurantium dulcis)* wird ein ätherisches Öl gewonnen, das in Duftwässern und Eau de Cologne erfrischend wirkt.

MANDARINE

Aus den früher den Mandarinen geschenkten Früchten des aus China stammenden *Citrus reticulata* läßt sich durch Pressen der Fruchtschale ein ätherisches Öl gewinnen.

GRAPEFRUIT

Der *Citrus paradisi* liefert das ätherische, in Israel und den USA produzierte Grapefruitöl. Es dient dazu, Hesperiden-Akkorde abzuwandeln.

Zu erwähnen wären auch die von dem *Citrus bergamia,* dessen Früchte einer großen nichteßbaren Orange ähneln, gewonnene Bergamotte, deren sehr flüchtige Essenz den Parfüms eine steigende Note verleiht, sowie das aus den Früchten des *Citrus medica* gewonnene, im 18. und 19. Jahrhundert häufig angewandte, aber von den zeitgenössischen Parfümeuren vergessene Zedratöl und die von dem *Citrus aurentifolia* stammende Limette, deren Essenz in Herren-Eau de Toilette, sportlichen Duftwässern sowie in Cola (!) verwendet wird.

Anis und Sternanis

Anisessenz wird durch Destillation der kleinen getrockneten Früchte eines europäischen Grasgewächses, der *Pimpinella anisum,* gewonnen. Das ätherische Öl des Sternanis wird durch Destillation der sternförmigen Früchte des *Illicium verum,* eines großen, in Vietnam und im Süden Chinas wachsenden Baumes, erzeugt. Diese Note wird in frischen Kompositionen verwendet.

Muskatnuß

Die Muskatnuß, den Botanikern unter dem Namen *Myristica fragrans* bekannt, stammt von einem immergrünen Baum. Die frisch gepflückte Frucht des Muskatnußbaums hat die Größe einer Aprikose. Ihre Schale, auch Macis genannt, ist rot und faserig. Die Nuß selbst hat einen herben, kräftigen und bitteren Geschmack. In der Parfümerie werden beide Elemente verwendet, für Herren-Kompositionen und moderne Eaux de Cologne.

Vanille

Die aus Mexiko stammende Vanille wurde im 18. Jahrhundert im Indischen Ozean auf Madagaskar, Réunion und den Komoren eingeführt. Vanille *(Vanilla planifolia)* ist die Frucht einer Kletterorchidee mit grünlichweißen bzw. gelben Blüten, deren Schoten leicht abgeflacht sind. Diese enthalten schwarze Körner, und die Haare an ihren Innenwänden exsudieren eine gelbe und klebrige Substanz mit warmem, süßem, balsamischem Geruch.

Zu erwähnen wäre noch die Gewürznelke, die tatsächlich der Stempel eines auf Malaysia, Madagaskar und Sansibar wild wachsenden Baumes ist. Die Verbindung ihrer würzigen und grasartigen Essenz mit derjenigen der Rose ergibt die Nelke-Akkorde. Wacholderbeeren liefern eine Essenz mit fruchtigem, holzigem Kieferngeruch. Die Beeren des Pimentbaumes *(Pimenta officinalis)* liefern nach der Destillierung eine Essenz mit balsamischer, würziger Note, die die Parfümeure in kleinen Mengen in orientalischen oder blumigen, nelkenartigen Akkorden verwenden.

Von oben nach unten im Uhrzeigersinn: die Früchte des Sternanis, Pfefferkörner, Wacholderbeeren, Tonkabohnen, Griechisch-Heu-Samen und Kardamomsamen.

SAMEN UND KÖRNER

Diese Rohstoffkategorie erinnert uns nochmals an die Verbindungen, die zwischen der Parfümerie und der Kochkunst bestehen.

Kardamom

Die Samen des *Elettaria cardamomum,* der in Indien, auf Ceylon, in Indonesien und Mittelamerika wächst, liefern ein aromatisches, leicht fruchtiges ätherisches Öl, das einen schnellen Duftauftakt aufweist.

Koriander

Das ätherische Korianderöl wird durch Destillation der Samen des *Coriandrum sativum,* eines in der Ukraine, in Ungarn und Nordafrika angebauten Gewächses, gewonnen. Es ergibt eine würzige Pfeffernote mit Schokoladenuntergrund.

Kümmel

Die getrockneten Samen des *Cuminum cyminum,* eines aus dem Mittelmeerraum und Indien stammenden Grasgewächses, werden destilliert, um ein in den Fougère- und holzigen aromatischen Akkorden – wegen der kräftigen Note in kleinen Mengen – verwendetes ätherisches Öl zu gewinnen.

Griechisch Heu

Dieses aus Indien und Kleinasien stammende Grasgewächs spielte in der antiken und islamischen Parfümerie eine bedeutende Rolle. Durch Extraktion der Samen wird ein kräftiges Resinoid gewonnen. Es duftet nach Walnuß und Sellerie.

Tonkabohne

Die Parfümeure verwenden die in den Früchten des *Dipterix odorata,* eines südamerikanischen Baumes, enthaltenen Körner. Durch Extraktion wird eine im Fond der Ambra-, Tabak- und orientalischen Kompositionen genutzte Absolue gewonnen.

Pfeffer

Es ist die Frucht eines Kletterstrauchs namens *Pipa nigrum,* dessen zunächst grüne Beeren gepflückt werden, wenn sie rot geworden sind. Pfefferessenz wird hauptsächlich in männlich geprägten Kompositionen verwendet.

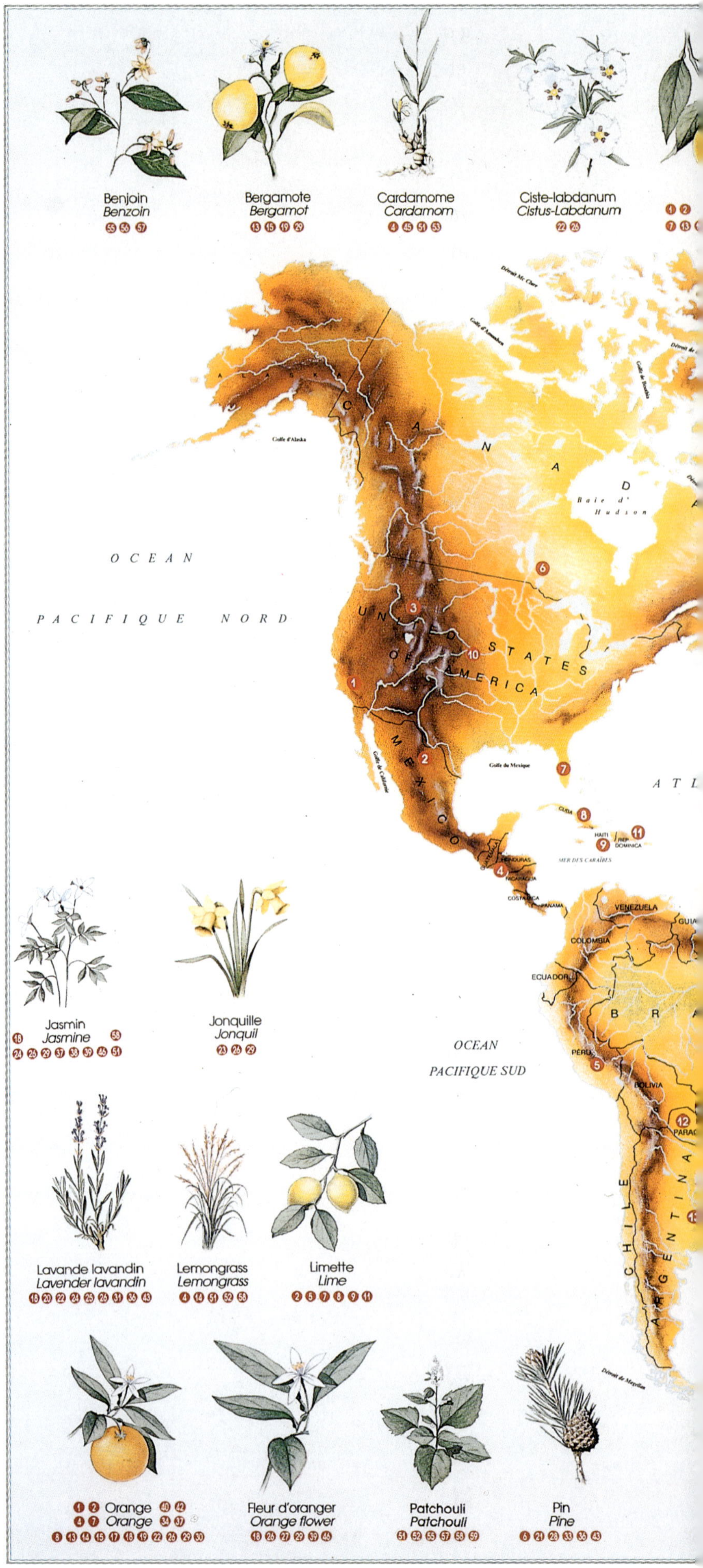

Die Herkunft der in der Parfümerie meist verwendeten Rohstoffe.
Dokument Givaudan Roure.

Citronnelle
Citronella
Coriandre
Coriander
Eucalyptus
Eucalyptus
Gaiac
Guaiacwood
Galbanum
Galbanum
Géranium
Geranium
Girofle
Clove
Iris
Orris
Immortelle
Everlasting flower
GROENLAND
MER DU GROENLAND
MER DE BARENTS
MER DE KARA
MER DE LAPTEV
MER DE BERING
MER D'OKHOTSK
MER DE NORVÈGE
ISLAND
SVERIGE
FINLAND
NORGE
EX. SOJUZ SOVETSKIKH SOTSJALISTICESKIKH RESPUBLIK
DANEMARK
GREAT BRITAIN
EIRE
DEUTSCHLAND
POLSKA
CESKOSLOVENSKO
MAGYAR
ROMANIA
FRANCE
ITALIA
JUGOSLAVIA
BULGARIA
ESPAÑA
PORTUGAL
HELLAS
TURKIYE
MER NOIRE
MER CASPIENNE
MONGOL ULS
CHUNG KUO
MER DU JAPON
KOREA
NIPPON
MEDITERRANÉE
MAROC
ALGERIE
TUNISIE
LIBYA
MISR
SYRIE
IRAK
ISRAEL
LIBAN
IRAN
AFGHANISTAN
PAKISTAN
INDIA
ARABIYA
AS SAUDIYA
SOUTH YEMEN
YEMEN
OMAN
MER D'OMAN
Golfe du Bengale
BANGLADESH
BURMA
THAILAND
LAOS
VIET NAM
CAMPUCHEA
TAIWAN
MER DE CHINE
FILIPINAS
MALAYSIA
SUMATRA
BORNEO
SULAWESI
MOLUQUES
PAPOUASIE N. GUINÉE
INDONESIA
JAVA
TIMOR
MAURITANIE
MALI
NIGER
TCHAD
SUDAN
SENEGAL
GAMBIE
GUINÉE
SIERRA LEONE
LIBERIA
COTE D'IVOIRE
BURKINA-FASO
GHANA
NIGERIA
ETHIOPIA
SOMALIA
REPUBLIQUE CENTRAFRICAINE
CAMEROUN
Golfe de Guinée
GABON
CONGO
ZAIRE
KENYA
TANZANIA
ANGOLA
ZAMBIA
MALAWI
MOCAMBIQUE
ZIMBABWE
NAMIBIA
BOTSWANA
SOUTH AFRICA
SWAZILAND
TRANSKEI
Cap de Bonne-Espérance
COMORES
Canal du Mozambique
REP. MALGACHE
REUNION
OCEAN ATLANTIQUE SUD
NORD
OCEAN INDIEN
MER DU CORAIL
AUSTRALIA
Nlle CALEDONIE
MER DE TASMAN
NEW-ZEALAND
Menthe
Mint
Mimosa
Mimosa
Mousse de chêne
Oakmoss
Narcisse
Narcissus
Santal
Sandalwood
Sauge sclarée
Clary sage
Thym
Thyme
Tubéreuse
Tuberose
Vanille
Vanilla
Verveine
Verbena
Vétyver
Vetyver
Violette
Violet
Ylang-ylang
Ylang-ylang

Zweitausend bis dreitausend Naturprodukte werden schätzungsweise synthetisch nachgeahmt. So auch der Flieder, der ohne die Chemie niemals Bestandteil von Parfümkompositionen geworden wäre.

Die Nelke, die früher destilliert wurde, wird ebenfalls synthetisch nachgeahmt.

Das Maiglöckchen, das sich jeder Destillation oder Extraktion widersetzt, ist dennoch dank des Hydroxycitronellals, des Linalols und des Farnesols in unseren Lieblingsdüften vorhanden.

Die synthetischen Rohstoffe

Ohne Aldehyde wäre *N° 5* von Chanel nie entstanden, und ohne Hedion hätte Edmond Roudnitska *Eau sauvage* nie komponiert. Diese Behauptungen mögen manche erstaunen, zumal bereits alles mögliche über die Verwendung von Syntheseprodukten in der Parfümerie erzählt wurde. Auch wenn es anmaßend erscheinen mochte, das nachzubilden, was die Natur mit Harmonie und Geduld ausarbeitet, war es dennoch die Weisheit, die die Chemiker des 19. Jahrhunderts leitete. Wer kennt heute noch die Namen Perkin, Tiemann, Baur, Darzens, Ruzicka, Blanc oder Bouveault? Und doch sind sie es, die die Existenz der modernen Parfüms ermöglicht haben. Denn bevor die Geruchschemie sich bewährte, bestand Parfüm aus hochwertigen natürlichen Rohstoffen, die an sich schon beinahe Parfüms waren und die der Parfümeur auf einfache Weise seinen künstlerischen Neigungen entsprechend kombinierte. Der Preis des so gewonnenen Parfüms schränkte seine Verbreitung ein, und abgesehen von wenigen Extrakten und Eau de Cologne blieb das Parfüm ein den privilegierten Klassen vorbehaltener Luxus.

Von 1830 an leiteten einige Chemiker, die keine Parfümeure waren, Forschungen über die natürlichen Duftstoffe ein. Es ging zunächst darum, in den ätherischen Ölen der Pflanzen die Elemente zu isolieren, die am interessantesten erschienen. So wurde das nach Rosen duftende Geraniol dank eines in der Chemie als fraktionierte Destillation bezeichneten Prozesses aus der Zitronenkrautessenz und Menthol durch Kristallisation aus der Pfefferminzessenz gewonnen. Diese Substanzen wurden Isolate genannt. Nach diesem ersten Schritt mußte man feststellen, daß zahlreiche aromatische Bestandteile des natürlichen Rohstoffes sich nicht isolieren ließen – sei es, weil sie lediglich in winzigsten Mengen vorhanden waren, sei es, weil ihre Trennung wie im Falle des Vanillins aus der Vanille zu kostenintensiv gewesen wäre. Dank der Hemisynthese erzeugten die Chemiker diese Substanzen aus einem aus einer pflanzlichen Essenz gewonnenen Element. Die Isolierung des Terpens aus der Kieferessenz führte zum Beispiel zur Erzeugung des in den Fliederakkorden verwendeten Terpineols.

Diese Ergebnisse ermutigten dann die Forscher zu dem Versuch, die Stoffe nicht mehr aus einem pflanzlichen Rohstoff, sondern aus einem fossilen Rohstoff wie Erdöl oder Kohle zu gewinnen. Dies gelang ihnen dank der sogenannten Synthese: Die Benzolverbindungen ermöglichten die Erzeugung des zart nach Rose duftenden Phenylethylalkohols, die Toluolverbindungen diejenige des Benzylacetats mit Jasminduft; die Salicylsäure war der Ausgangspunkt der Kumarinsynthese. Dieser neue Stoff ebnete den Fougère-Parfüms den Weg. Die Chemiker begnügten sich nicht damit, naturidentische Moleküle herzustellen, sie erfanden künstliche Duftmoleküle –

zur größten Freude der Parfümeure, für die solche Produkte eine wahre Revolution darstellten, so wie die Erfindung neuer Farben das Leben eines Malers grundlegend verändern würde. Heliotropin wurde zu einem wichtigen Bestandteil aller sogenannten orientalischen Kompositionen; Vanillin ermöglichte Guerlain die Kreation seiner schönsten Parfüms; die nach Leder und Rauch duftenden Chinoline schenkten Chanel *Cuir de Russie;* die warmen und hartnäckigen Moschusakzente wurden in der Basisnote der Kompositionen verwendet und gaben ausgezeichnete Fixateure ab; Ionone gaben den Duft des Veilchens wieder. Aus der Reduktion der Fettsäuren entstanden schließlich die Aldehyde, deren kräftiger und manchmal ekelerregender Geruch die Parfümeure zunächst abschreckte. Erst durch die Kühnheit von Coco Chanel und ihrer „Nase" Ernest Beaux wurden diese Produkte in einem Parfüm verwendet. Dies war das legendäre *N° 5*. Einige erzählen, daß Ernest Beaux aus Versehen etwas zuviel von den berühmten Aldehyden verwendet habe und das berühmte Parfüm ein Zufallsprodukt sei. Wie auch immer – eine große Parfümlinie war entstanden. Und sie wird sicherlich so lange fortbestehen wie die Parfümerie selbst.

Seit Ende des Zweiten Weltkriegs bietet die chromatographische Analyse – ein Verfahren, durch das ein in einem Duftgemisch vorhandenes Molekül identifiziert und sein Anteil berechnet werden kann – spannende Erforschungsgebiete in bezug auf die in den natürlichen Rohstoffen als Spuren vorhandenen Moleküle. Die Chemiker haben weiter gearbeitet. So wäre, wir haben es bereits erwähnt, das *Eau sauvage* von Dior ohne Hedion nie entstanden. Genauso verdanken wir *Les Jardins de Bagatelle* von Guerlain und *Paris* von Yves Saint Laurent den Damasconen und Damaszenonen. Seit einigen Jahren nutzen die Forscher eine revolutionäre Technik, den Headspace, die es ermöglicht, eine Blume, einen Baum oder einen Duft in *situ* einzufangen und somit durch Identifizierung ihrer Moleküle eine Art Personalausweis aufzustellen. Diese Technik ist für Blumen besonders nützlich, die in der Parfümerie noch nicht verwendet werden, wie zum Beispiel Orchideen oder Glyzinienblüten, und für den Bereich der Raumparfüms (Unterholz-, Meeresduft). Sie ermöglicht es auch, den repräsentativen Naturdüften in jedem Stadium ihrer Entwicklung möglichst nahe zu kommen, was für die ätherischen Öle und die absoluten Essenzen nicht immer der Fall ist, bei denen das Parfüm oft weit von dem Geruch der Pflanze in ihrem natürlichen Zustand entfernt ist.

1952 behauptete der große Parfümeur Ernest Beaux: „Auf die Chemiker wird man sich verlassen müssen, um neue Stoffe zu entdecken, durch die originelle Noten aufblühen könnten. Ja, was das Parfüm betrifft, liegt die Zukunft in den Händen der Chemie." Über vierzig Jahre später sind seine Worte noch immer aktuell: Die Wissenschaft hat sich in den Dienst der Parfümerie begeben, ohne die Natur zu verleugnen, sondern indem sie sich differenziert mit ihr verbunden hat.

Die letzte Revolution der Parfümindustrie, die Technik des Headspace, bildet für die Parfümeure auf der Suche nach neuen Akkorden eine neuartige und unerschöpfliche Inspirationsquelle. Die „lebenden" Düfte – hier einer Blume – werden in eine Glaskugel eingefangen, mit der ein Auswertungsgerät zur Analyse ihrer Molekularbestandteile verbunden ist.

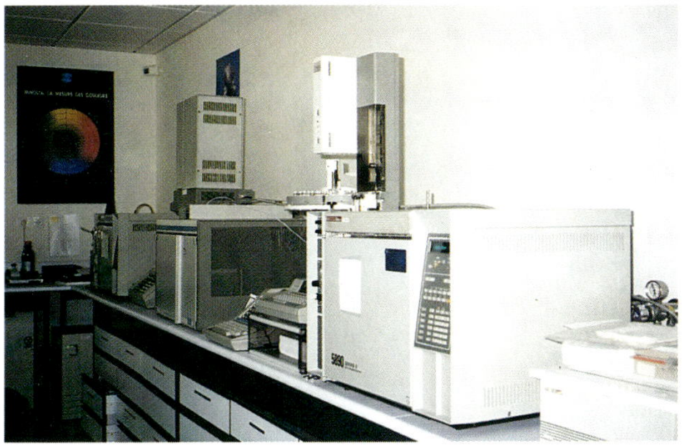

Der Chromatograph ist ein echtes, mit einem Computer verbundenes Geruchsfilter, das dem Parfümeur ermöglicht, die chemischen Bestandteile eines Duftes genau zu ermitteln. Und so verwandelt sich die Poesie, die von unseren olfaktorischen Empfindungen ausgeht, auf dem Bildschirm in eine Vielzahl von Kurvengipfeln.

Alles fängt mit der Ankunft einiger hundert Säcke mit Tausenden von Blüten an.

Diese werden dann in einem kühlen, lichtgeschützten Raum ausgebreitet. Anschließend werden die Blüten in einen Bottich gegeben, bevor sie der geeignetsten Behandlung unterzogen werden: Wasserdampfdestillation oder Extraktion mit flüchtigen Lösungsmitteln, wie hier auf dem Bild.

Die Herstellungsverfahren

Während die Ägypter sehr schnell begriffen, daß aus Hölzern und Harzen subtile Düfte ausströmten, wenn man sie verbrannte, vergingen dagegen mehrere Jahrhunderte, bevor man Blüten, Früchte und Pflanzen in Essenzen, Absolues oder Resinoide verwandeln konnte. Die Gewinnung dieser Produkte, deren verschiedene Bezeichnungen wir noch erläutern werden, ist das Ergebnis einer hohen, dank ständig verbesserter Werkzeuge erworbenen Technologie. Zahlreiche Apparate mußten erprobt werden, bevor es zu den Extraktions- oder den modernen Destillationslaboren kam.

Die warme Enfleurage

Sie ist zweifellos eine der ältesten Techniken. Nachdem man die Affinität der Duftstoffe mit den Fetten festgestellt hatte, beschloß man bald, die Blüten in auf Wasserbad oder natürlich durch die Sonne erwärmten Fetten oder Ölen mazerieren zu lassen. Nachdem sich die Grundmasse mit dem Duft gesättigt hatte, wurden die Fette zunächst durch Leinen-, später durch Baumwollstoffe filtriert. So wurde eine Art Salbe gewonnen. Tierische Fette und dann Vaseline ersetzten nach und nach die Öle: Harze, Gewürze und einige Tropfen ätherischer Öle kamen zu diesen Salben hinzu.
Mit den Fortschritten der Destillations- und Extraktionstechniken beschloß man, die Salben mit reinstem Alkohol zu waschen, da dieser die Eigenschaft besitzt, Gerüche aufzunehmen. Die Alkohol-/Fett-Mischung wurde mechanisch geschlagen, dann ließ man sie ruhen, bevor die ölige Substanz und der Alkohol getrennt abgeschöpft wurden. Dieser Vorgang wurde zwei- bis dreimal wiederholt. Der Alkohol wurde dann zu einem parfümierten Extrakt, der ein letztes Mal filtriert wurde, um ihn von jeglichen Fettspuren zu befreien.

Die kalte Enfleurage

Das Prinzip ist demjenigen der warmen Enfleurage sehr nah und beruht ebenfalls auf der Affinität der Fette und der Düfte, aber diese Technik bietet den Vorteil, empfindliche Blüten wie Jasmin und Tuberose verarbeiten zu können. Bevor Destillation und Extraktion zu alltäglichen Praktiken wurden, war dies die beste Methode, um einen Duft zu erzielen, welcher dem der Blume möglichst nahe kam.
Hier werden die Blütenblätter nicht mehr in eine warme Lösung getaucht, sondern auf eine dünne Fettschicht gelegt, mit der zuvor die Glasplatte eines Holzrahmens (Chassis) von vierzig bis sechzig Zentimetern Seitenlänge bestrichen wurde. Das Fett ist ein mit Benzoe gereinigtes und stabilisiertes Gemisch aus Schweine- und Rinderfett.
Die Blüten, die einige Zeit nach dem Pflücken noch leben, bleiben dort unterschiedlich lange (vierundzwanzig Stunden beim Jasmin, zweiundsiebzig

Stunden bei der Tuberose), werden dann entfernt und durch neue Blüten ersetzt, bis das Fett mit dem Duft gesättigt ist. Dann wird das Fett mit Alkohol kalt ausgezogen, wodurch die Aromastoffe löslich werden. Nach der Verflüchtigung des Alkohols erhält man eine Pomadenabsolue.

Während die kalte Enfleurage heutzutage nur noch in der Region Grasse in kleinem Umfang angewandt wird, stellte sie zu Anfang unseres Jahrhunderts einen wichtigen weiblichen Berufszweig dar. Man brauchte ungefähr zehn Arbeiterinnen, um ca. hundert Holzrahmen zu handhaben. Und einige Parfümhäuser aus Grasse besaßen bis zu achtzigtausend Rahmen!

Bereits bei ihrer Ankunft in der Werkstatt wurden die Blüten sortiert und die beschädigten oder feuchten entfernt. Sie wurden auf das Fett gestreut, das sorgfältig mit einem Holzkamm gerillt worden war, damit die Blüten besser verteilt werden konnten und das Fett zur homogenen Aufnahme des Duftes besser durchlüftet wurde. Zwei Tage später erfolgte die Defleurage: Die Rahmengestelle wurden auf einen Tisch geklopft, um die Blütenblätter abfallen zu lassen. Es wird geschätzt, daß ein Kilo Fett rund drei Kilo Blüten aufsaugte. Der Preis einer solchen Behandlung war horrend, und es ist nur verständlich, daß sie heute nur einigen Ausnahmekompositionen zuteil wird.

Die Destillation

Ganz anders als die Enfleurage beruht das Verfahren der Extraktion auf dem Prinzip der Verflüchtigung und Kondensation von Flüssigkeiten und auf der Fähigkeit des Wasserdampfes, ätherische Öle zu befördern. Das verwendete Werkzeug ist der Destillierapparat. Seine Erfindung zwischen dem 8. und dem 10. Jahrhundert wird den Arabern zugesprochen, aber das Prinzip der Destillation war den Griechen und den Ägyptern bereits im 4. oder im 3. Jahrhundert v. Chr. bekannt.

Der Destillierapparat der modernen Parfümerie, der früher demjenigen der Branntweinbrenner ähnelte, besteht aus drei Teilen: dem Körper, einem ovalen Bottich im oberen Teil, auf dem ein Aufsatz oder Schwanenhals angebracht ist, der selbst mit dem Kühler, einer durch einen mit kaltem Wasser gefüllten Behälter verlaufenden Metallrohrschlange, verbunden ist.

Das zu destillierende Produkt (Blüten, Gräser, Kräuter, Blätter, Zweige, Wurzeln, Moose) wird in den Bottich auf die Lochplatten gegeben. Das Wasserbad im doppelten Boden des Bottichs wird zum Sieden gebracht. Der mit den in der Pflanze enthaltenen Duftstoffen angereicherte Wasserdampf strömt durch den Schwanenhals aus und gelangt in den Kühler, wo er sich niederschlägt. Der durch die Kondensation flüssig gewordene Wasserdampf erreicht dann das Essencier, auch Florentiner Flasche genannt. Dort trennen sich die Bestandteile aufgrund ihrer unterschiedlichen Dichte voneinander: Das meist schwerere Wasser bleibt auf dem Gefäßboden, während die ätherischen Öle, die im Wasser nicht löslich sind, an die Oberfläche steigen, wo sie abgeschöpft werden.

Nach der Destillation werden die ätherischen Öle der Pflanzen in einem Destillierkolben, der Florentiner Flasche, aufgesammelt.

Die Zentifolien oder Mairosen aus Grasse werden auf gelochte Unterlagen gelegt, bevor sie der Behandlung zur Extraktion mit flüchtigen Lösungsmitteln unterzogen werden.

Die Damaszener Rosen aus der Türkei werden hier mit Wasserdampf behandelt.

Nachdem das Lösungsmittel den Duftstoff löslich gemacht hat, wird es verflüchtigt. So gewinnt man eine dickflüssige Paste: das Konkret.

Blumenkonkrete sind oft zähflüssig und enthalten in Alkohol unlösliche Wachse und Paraffine, die ausgeschieden werden.

In einigen Fällen enthält das Destillationswasser Essenzen; es wird dann aufgesammelt und verkauft – so zum Beispiel das berühmte Orangenblütenwasser oder das Rosenwasser.
Die Destillierapparate unserer Vorfahren standen auf großen Steinen und wurden mittels eines Feuers betrieben, das möglichst regelmäßig unterhalten werden mußte. Die Techniken haben sich weiterentwickelt, und die heutigen Destillierapparate werden bei Niederdruck mit Dampf betrieben, der meist von außen erzeugt wird. So kann eine für die Destillation ideale Temperatur erreicht und während des gesamten Vorgangs gehalten werden. Die Zeiten sind also vorbei, zu denen die Lavendelfelder in der Provence das erstaunliche Schauspiel der Röhrenapparaturen auf Rädern boten, mit denen an Ort und Stelle destilliert wurde. Die Pflanzen werden nun per LKW zu den Destillierwerken mit ihren modernen, weniger poetischen, aber bei weitem leistungsfähigeren Apparaturen transportiert.

Die Extraktion mit flüchtigen Lösungsmitteln

Wenn die Destillation mit Lavendelblüten, Iriswurzeln, Vetiver, Sandelholz oder Geranienblättern auch sehr erfolgreich ist, erzielt sie nicht immer dieselben Ergebnisse mit anderen Pflanzen. Der Ertrag an ätherischen Ölen ist dann sehr schwach, oder das gewonnene Produkt verfälscht dergestalt den Geruch der Pflanze, daß es nicht verwendet werden kann. Um dem beizukommen und damit Blumen wie die Zentifolie, die Narzisse oder die Mimose verarbeitet werden können, haben die Techniker ein Verfahren entwickelt, das darin besteht, die Affinität einiger Lösungsmittel mit den in den Rohstoffen enthaltenen Duftstoffen zu nutzen. Bereits im 18. Jahrhundert versuchten einige Forscher, dieses Prinzip mit Äther anzuwenden, aber die Herstellungskosten waren zu hoch, und die ständige Gefahr einer Entzündung oder einer Explosion der Lösungsmittel war zu groß. Die Fortschritte der chemischen Verarbeitung der Kohlenwasserstoffe in Zusammenhang mit strengeren Sicherheitsvorschriften haben zu einer Verwendung leistungsfähigerer Lösungsmittel, hauptsächlich Hexan und Benzol, geführt, die aufgrund ihrer hohen Löslichkeit und ihrer Flüchtigkeit ausgewählt wurden, dank derer sie leicht ausgeschieden werden können.
Die Extraktion erfolgt in Behältern aus rostfreiem Stahl mit ca. dreitausend Liter Inhalt, die mit übereinander gestapelten Lochplatten ausgerüstet sind. So werden die Blüten weder zerdrückt noch zusammengepreßt, und das Lösungsmittel kann ungehindert strömen. Es werden auch Geräte mit rotierenden Korbeinsätzen verwendet, die eine durchgängige Behandlung der Pflanzen ermöglichen. Nach der Beschickung des Extrakteurs mit den Pflanzen werden zur Mazeration die Lösungsmittel über ein Ventilsystem zugeführt. Der pflanzliche Rohstoff wird so durch mehrere Lösungsmittelspülungen ausgelaugt, wobei die Kontaktdauer abhängig von dem Pflanzentyp und dem eingesetzten Produkt festgelegt wird. Wenn das Lösungs-

mittel mit den Duftstoffen gesättigt ist, wird es in einen Klärapparat geleitet, in dem überschüssige Feuchtigkeit ausgeschieden wird. Dann wird es zu einem Unterdruckverdichter befördert, in dem eine Teildestillation erfolgt. Es wird verflüchtigt, aufgesammelt und in verschiedenen Kreisläufen weiterverarbeitet, wonach es auf dem Boden des Apparates ein pastenartiges Gemisch aus Duftmolekülen, Wachsen und Pigmenten hinterläßt. Dieses Gemisch wird als Resinoid bezeichnet, wenn es das Produkt der Verarbeitung trockener Pflanzenbestandteile ist (Wurzeln, Samen, Körner, Moose, Balsame, Gummis, Harze) und als Konkret, wenn es spezifisch das Produkt der Verarbeitung der Blüten ist.
Während die Parfümeure im allgemeinen die Resinoide als solche in ihren Kompositionen verwenden, wird das Konkret dagegen einer zusätzlichen Behandlung unterzogen. Die Blumenkonkrete sind nämlich oft zähflüssig und enthalten Wachse und Paraffine, die in Alkohol nicht löslich sind. Sie werden also mehrmals in Rührern mit Alkohol gewaschen, um die Duftmoleküle aufzulösen, wobei die Wachse zuvor ein erstes Mal herausfiltriert wurden. Das Konkret-/Alkohol-Gemisch wird auf –12° C bis –15° C gekühlt, dann erneut filtriert, um jegliche Wachsspuren endgültig zu beseitigen; Wachse haben nämlich die Eigenschaft, unter der Einwirkung der Kälte zu stocken. Schließlich wird das Alkoholgemisch bei vermindertem Druck destilliert. Nachdem der Alkohol sich verflüchtigt hat, erhält man eine absolute Essenz, die in der Fachsprache schlicht als Absolue bezeichnet wird.

Zur Erzielung eines reineren Stoffes wird das Konkret-/Alkohol-Gemisch mehrmals mit Alkohol ausgezogen, dann glasiert. Die wachsartigen Stoffe werden in Filtern zurückgehalten. Man läßt dann den Alkohol abdampfen. So wird das von den Parfümeuren begehrteste Produkt gewonnen: die Absolue.

DIE KALTPRESSUNG

Dieses Verfahren bleibt den Rohstoffen vorbehalten, die die Parfümeure in die Kategorie der Hesperiden einordnen (Orangen, Zitronen, Mandarinen). Die ätherischen Öle dieser Früchte sind in den kleinen Drüsen ihrer Schale enthalten. Jeder konnte schon einmal beobachten, daß einige Tröpfchen einer Mischung aus ätherischem Öl und Wasser austreten, wenn man ein Stück Schale zwischen den Fingern biegt. Dasselbe Prinzip wird in der Parfümerie angewandt, wobei die Extraktion der Essenz mit hochentwickelten Maschinen durchgeführt wird. Vor dieser Mechanisierung waren die Methoden lange Zeit handwerklich. In Sizilien und Kalabrien wurden Bergamotte und Zitrone zum Beispiel mit einem Lederhandschuh behandelt, auf dem kleine Bimssteinstückchen geklebt waren. Die Arbeiter riefelten die Frucht mit einer Hand und sammelten mit der anderen das ätherische Öl auf einem Schwamm auf, den sie dann in einen Eimer auspreßten. Diese sogenannte *à la spugna*-Methode bot selbstverständlich einen wesentlich geringeren Ertrag als die heutigen Maschinen – bei wesentlich höheren Lohnkosten.

Nachfolger der Retorten der Alchimisten ist der Alambic. Vor Einführung der modernen Geräte wurden die Parfüms in solchen Apparaten destilliert.

Rezeptur, Mazeration und Verpackung

Die ätherischen Öle, die absoluten Essenzen bzw. die Resinoide werden von (oft in Grasse ansässigen) Rohstoffherstellern und -verarbeitern produziert, die im allgemeinen die Extraktion oder die Destillation vor Ort in ihren Werken durchführen. Aber es kommt vor, daß die Rohstoffe zu empfindlich sind – dies ist oft bei exotischen oder kostbaren Blüten der Fall – und daß sie bereits verarbeitet in ihrem Ursprungsland verkauft werden. Häufig wird auch der Rohstoff am Anbauort verarbeitet, dann als Konkret nach Grasse befördert, wo es zu Absolue verarbeitet wird. Die Parfümeure, vor allem die großen Marken, beziehen die Produkte bei diesen Firmen oder kaufen direkt bei den Anbauern. Einige dieser großen Marken mischen selbst die natürlichen und synthetischen Rohstoffe nach der geheimen, von der „Nase" abgewogenen Rezeptur, die sie allein kennen. Sie stellen dann das sogenannte Konzentrat her. Dies ist zum Beispiel bei Jean Patou der Fall, wo der Parfümeur des Hauses, Jean Kerléo, die Fremdrohstoffe selbst ankauft und prüft und die Produktion jedes Milliliters Parfüm überwacht, das das Werk von Levallois-Perret, in der Nähe von Paris, verläßt, um weltweit vertrieben zu werden. Andere Parfümeure lassen die Rohstoffe zu *Sociétés de composition de parfums*, also Parfümherstellern, schicken, die über die Rezeptur verfügen und in der Lage sind, die Konzentrate herzustellen. Diese werden dann zu den Werken der großen Marken bzw. zu Abfüll- und Verpackungsfachunternehmen weitergeleitet, die für mehrere Marken arbeiten.

Der nächste Schritt ist die Mazeration. Der Vorgang besteht darin, Konzentrat und Alkohol über längere Zeit in großen Edelstahlbehältern miteinander in Kontakt zu lassen, um eine optimale olfaktorische Qualität zu erzielen. Der Anteil des Alkohols in der Mischung hängt vom herzustellenden Produkttyp ab: Extrakt, auch Parfüm genannt, Eau de Toilette, Eau de Parfum – auch Parfum de Toilette –, Eau de Cologne, usw. Im allgemeinen liegt der Anteil des im Alkohol gelösten parfümierenden Konzentrats beim Extrakt bei 15 – 30 %, bei dem Eau de Toilette bei 5 – 10 %, dazwischen variiert die Konzentration des Eau de Parfum.

Die Baudruchage ist einer der „edelsten" Vorgänge im Verpackungsatelier. Die Arbeiterin überzieht jeden Verschluß mit einem benetzten Stück Rinderdarm, um das sie mit größter Sorgfalt einen Goldfaden wickelt. So kann der Verbraucher der Unversehrtheit seines Parfüms gewiß sein.

In Frankreich verwendet man dazu einen durch Behandlung duftneutral gemachten Rübenalkohol. Die Mazerationszeit beträgt je nach Produkt einige Wochen bis drei Monate. Während dieser Zeit bilden einige pflanzliche Substanzen einen Niederschlag. Dieser Bodensatz wird durch Glasiervorgänge (Verfestigung) bei 0° C bzw. –10° C und Filtrieren ausgeschieden, wodurch eine klare reine Flüssigkeit gewonnen wird. Nach jeder Mazeration werden die Behälter gespült. Bei den sehr großen Parfüms kommt es sogar vor, daß die Behälter immer ausschließlich für dieselbe Komposition verwendet werden.

Dann müssen die Flakons abgefüllt und verpackt werden. In den modernen Fabriken sind die Mazerationsbehälter oft über eine Vielzahl von Rohrleitungen mit automatisierten Maschinen verbunden, die sich eine Etage höher befinden und die Flakons abfüllen. Diese Maschinen befördern das Parfüm zu den Flakons, die über ein Förderband gleichmäßig transportiert werden. Die Abfüllinie ist lang: Feinabfüllung, Einfassen, Kodifizierung des Flakons anhand einer Losnummer, durch die seine Herkunft bestimmt werden kann, Festschrauben des Verschlusses, Anbringung des Etiketts. Die Flakons werden dann in Kartons gelagert, die der Verpackung zugeführt werden. Dort werden sie von an langen Tischen sitzenden Arbeiterinnen einzeln kontrolliert, wobei jedes fehlerhafte Flakon herausgenommen wird. Dann werden die Flakons – noch immer einzeln – abgewischt, damit sie vollkommen sauber sind. Gegebenenfalls wird die Funktion des Sprühkopfes überprüft. Die Extrakte werden einer zusätzlichen Behandlung unterzogen: der Baudruchage. Es handelt sich darum, den Verschluß mit einer Haut zu überziehen (einem zuvor in ein Schälchen Wasser getauchten Stück Rinderdarm), die mit einem Goldfaden zugebunden wird. Diese den großen Parfümhäusern vorbehaltene Technik garantiert dem Verbraucher die Unversehrtheit seines Parfüms. Nur einige erfahrene Arbeiterinnen besitzen hierfür das Können, die Sorgfalt und die Genauigkeit.

Der letzte Schritt besteht darin, das Flakon in seine Kartondose oder einen anderen Gegenstand (Kulturbeutel, Kästchen) zu verpacken und mit einer Plastikfolie zu versiegeln. Dieser letzte Vorgang ist automatisiert. Schließlich werden die Flakons in riesigen Hallen auf Paletten gelagert, bevor sie ihre Reise zu den Vertriebsunternehmen und Parfümerien der ganzen Welt antreten.

Im Mazerationsraum überprüft der Techniker sorgfältig jeden Behälter, in dem das Parfümkonzentrat mit dem Alkohol gemischt wurde. Es bedarf bis zu drei Monaten, bevor das Parfüm seine optimale olfaktorische Qualität erreicht und in die Flakons abgefüllt wird.

Dank eines komplexen Systems wird jeder Zerstäuber automatisch abgefüllt. Diese Maschinen sind über explosionsgeschützte Pumpen unmittelbar mit den Mazerationsbehältern verbunden.

Diese Arbeiterin des Werkes Nina Ricci in Ury, südlich von Paris, überzeugt sich von der Funktion jedes Sprühkopfes, indem sie einige Tropfen auf ein Frotteetuch sprüht. Sie wischt dann jedes Flakon ab und überprüft die Durchsichtigkeit des Parfüms, bevor das Flakon verpackt wird.

drom fragrances
Total:
Item
Description
BERGAMOTTEOEL FUR0C.FREI EXTRA
MANDARINENOEL EXTRA
ORANGENOEL FLORIDA
GALBANUMOEL SELECTION
LAVANDINVL ABRIALIS
PHENYLETHYLALKOHOL
ROSENVL T\RKISCH
LINALOOL
BENZYLACETAT
YLANG-YLANG-VL EXTRA
YLANG - YLANG ABS.
HEDIONE
INDOL 10 % IN DPG
58000 LYRAL
57710 LILIAL
66040 JASMAL
62440 JASMON CIS-
57120 JASMIN ABS.MAROC.
63480 HELIONAL
53376 AURANTIOL 50 % IN DPG
54870 CYCLAMENALDEHYD
64940 HEXENYLSALICYLAT CIS-3-
53760 BENZYLSALICYLAT
69662 DAMASCENONE FIRMENICH 10 % IN DPG
64300 DECALACTON GAMMA-
52975 ALDEHYD C 16 SOG. ERDBEER 1 % IN DPG
55470 EUGENOL
54865 CUMINVL 10 % IN DPG
59880 PHENYLPROPYLALKOHOL
61290 ZIMTALKOHOL
59460 PATCHOULIVL HELL "MD"
63190 CEDRAMBER
64360 ISO-E-SUPER
69130 BACDANOL
63460 AMBRETTOLIDE
58750 MUSCOLID
55860 GALAXOLIDE 50 IPM
55300 DIPROPYLENGLYCOL
32
33
34
35
36
37
38
drom
drom
E. 144

Gewusst wie

Das Parfüm ist ein aus dem Gedächtnis, der Empfindsamkeit und dem Können des Parfümeurs geborenes Kunstwerk. Wenn auch die breite Öffentlichkeit sich angewöhnt hat, sie als „Nasen" zu bezeichnen, greifen die Künstler keineswegs ausschließlich auf diese zurück, um ihr Talent auszudrücken. Alle sind sich darüber einig, daß sie hauptsächlich ihren „Kopf" benutzen und sich der Hunderte von dort sorgfältig gespeicherten Düfte erinnern. Denn es ergeht dem Parfümeur wie dem Musiker: Er muß zunächst seine Notenübungen machen, bevor er eine Partitur lesen und ein Stück komponieren kann.
Während die großen Parfüm- und Haute-Couture-Häuser am Anfang des Jahrhunderts alle ihren eigenen, in ihre Unternehmensstruktur fest eingebundenen Parfümeur hatten, verhält es sich heute ganz anders: Nur noch drei großen Häusern ist dieses Privileg vorbehalten. Die anderen wenden sich an sogenannte Duftstoff- und Kompositionsgesellschaften, die „Nasen" beschäftigen, um Parfüms für die großen Marken zu kreieren. Diese müssen sich nach den ganz bestimmten Wünschen ihres Auftraggebers richten. Denn das Parfüm ist heute zu einer sehr strengen Regeln – unter anderem in bezug auf die internationale Gesetzgebung im Bereich der verwendeten Bestandteile – und wirtschaftlichen Zwängen unterworfenen Luxusindustrie geworden. Marketing- und Erfolgsauswertungsabteilungen spielen bei der Einführung eines neuen Parfüms auf dem Markt eine entscheidende Rolle. Ein Blick auf die Entwicklung der Werbespots und -plakate genügt, um sich davon zu überzeugen.
Um die Parfümeure bei ihrer Arbeit zu unterstützen, sind die Parfüms in „Familien" klassifiziert, was eine gemeinsame Bezugssprache schafft. Die Familien wurden anhand subjektiver Kriterien bestimmt: Die Parfümerie ist keine exakte Wissenschaft, und es gibt so viele unterschiedliche Wahrnehmungen eines Duftes wie Menschen.
In Frankreich hat der technische Ausschuß des Verbands der Parfümeure eine Klassifizierung nach sieben Duftfamilien erstellt. Alle existierenden Parfüms, deren Zusammensetzung bekannt ist, sind darin erfaßt. Wenn Sie die folgenden Seiten durchblättern, werden Sie zweifellos Ihr Lieblingsparfüm finden, und Sie werden endlich erfahren, warum Sie es so mögen.

Hat für das Festhalten der kostbaren Parfümrezepturen heute die Computerauflistung das handschriftliche Schulheft ersetzt, so bleiben die von den „Nasen" verwendeten Werkzeuge dieselben: Duftstreifen, Pipette, Reagenzröhrchen …

Früher verwendeten die „Nasen" Essenzen und Absolues, die in riesigen, durch eine Lederhülle vor dem Licht geschützten Flaschen aufbewahrt wurden. Diese Flaschen wurden im vorigen Jahrhundert von den Parfümeuren des Hauses Guerlain benutzt.

Der Beruf der „Nase"

Compositeur-parfumeur, parfumeur-créateur, Parfümeur, „Nase": Es gibt zahlreiche Bezeichnungen für jene Künstler, die die Magie der Pflanzenwelt mit dem Know-how der Chemiker in sich vereinen. Aber wer sind diese Männer und Frauen mit dem Traumberuf – und vor allem, was haben sie, was andere nicht haben?

Es gab eine Zeit, da sich der Beruf des Parfümeurs von dem Vater auf den Sohn übertrug, und für den Erfolg war es fast unerläßlich, aus Grasse zu stammen. Glücklicherweise hat sich der Beruf nach und nach geöffnet, einige Schulen wurden gegründet, die heute auf diesen erstaunlichen Beruf vorbereiten. Der Lernprozeß besteht darin, die Verwendung der natürlichen und synthetischen Rohstoffe zu lernen und zu beherrschen. Aber die meisten „Nasen" kommen zu diesem Beruf, indem sie direkt als Assistenten der Parfümeure arbeiten, bevor sie selbst Parfümeure werden.

Wenn man sie nach ihrer besonderen Begabung fragt, antworten die „Nasen" fast alle dasselbe: Um in diesem Beruf Erfolg zu haben, braucht man normale olfaktorische Fähigkeiten, und man muß sich dafür interessieren. Notwendige Ergänzung sind ein langes und stetiges Training sowie ein ausgezeichnetes Duftgedächtnis. Vielleicht sind solche Aussagen Ausdruck übertriebener Bescheidenheit. Denn ein Parfüm zu komponieren ist auch ein künstlerischer Vorgang. Auf ihre Phantasie und ihre Empfindlichkeit greift die „Nase" zurück, um einen Duft zu kreieren. „Die Kreation eines Parfüms ist die Frucht der Begegnung mit Gerüchen, mit Menschen", erklärt Jean Kerléo, Parfümeur bei Jean Patou. Die Idee eines Parfüms entsteht also zuerst im Geist seines Schöpfers und nicht auf der Basis an einem Arbeitstisch einzeln gerochener Fläschchen. „Wenn der Parfümeur eine Rezeptur schreibt, hat er eine ziemlich genaue Vorstellung des Duftes, der sich daraus ergeben wird", erklärt die Parfümeurin Karin Dubreuil. Erst nachdem die Rezeptur niedergeschrieben ist, nimmt das Parfüm mit dem Wiegen und Mischen seiner Bestandteile „physisch" Form an. Es ist der Anfang einer langen Suche, denn selten ist die erste Rezeptur die richtige und entspricht vollkommen der Vorstellung, die man von ihr hatte.

Die Parfümeure übergeben heutzutage ihre Rezeptur einem Laboranten, der die Duftbestandteile wiegt. Letztere werden auf Wasserbad in einem Behälter erhitzt, in dem sich ein Rührwerk befindet, damit das Gemisch homogen wird.

Wie bei vielen Künstlern besteht für die Parfümeure die Schwierigkeit darin, aufzuhören und ihr Werk als vollendet betrachten zu können. „Ich gehöre zu den Parfümeuren, deren erste Idee meistens die richtige ist", eröffnet Françoise Caron. „Ich glaube, daß ich meine Komposition dann kaum noch verbessere, wenn ich Produkte hinzufüge oder wieder wegnehme ... Andere Parfümeure dagegen sind sehr gute ‚Feiler', die ihr Parfüm im Laufe der Monate verfeinern."

Heute ist die Kreation eines Parfüms in erster Linie Teamarbeit. Die meisten „Nasen" arbeiten für Duftstoff- und Kompositionsgesellschaften, die Parfüms für Auftraggeber entwickeln: Couturiers, Juweliere, Designer, Parfümhersteller. Diese Gesellschaften teilen sich den Weltmarkt und konkurrieren meistens für die Herstellung eines und desselben Parfüms. In Frankreich beschäftigen lediglich drei große Häuser – Chanel, Guerlain und Jean Patou – einen Parfümeur fest in ihrem

Unternehmen. In jedem Fall entgehen die „Nasen" nicht der direkten Zusammenarbeit mit den Marketingabteilungen. Denn alles ist bereits im Ausgangsbriefing enthalten. Hinter diesem Begriff verbirgt sich der Ursprung aller zur Zeit auf dem Markt eingeführten Parfüms. Es handelt sich im allgemeinen um einen Text, eine Art Exposé, das manchmal von einem Foto, einer Videokassette oder einem Videofilm begleitet wird und den Auftrag vorstellt: Zielgruppe, Geschlecht, Alter, soziale Schicht, Persönlichkeit, Duftkonzepte, Hinweis auf ein bekanntes Parfüm usw.

Nachdem die Parfümeure dieses Briefing verinnerlicht haben, begeben sie sich an die Arbeit. Auch wenn es sich um eine Kreation handelt, haben sie natürlich bereits ein paar Ideen im Hinterkopf – genau wie die Maler, die einige Skizzen zeichnen, bevor sie mit der Gestaltung des ganzen Gemäldes beginnen.

Olivier Cresp, der Schöpfer von *Angel* von Thierry Mugler, meint, daß das Briefing Neuheit nicht notwendigerweise ausschließt, vor allem wenn diese vom Auftraggeber geradezu erwünscht ist: „Die Kühnheit der großen Modedesigner kommt uns zugute. Mugler, Gaultier oder Miyake ermöglichen uns, zu wagen, innovativ zu werden. Die naschhafte Note von *Angel* hätte nie für einen klassischen Modeschöpfer verwendet werden können." Aber was hatte Thierry Mugler denn von ihm verlangt? Ein Parfüm, das ihn an seine Kindheit im Elsaß erinnert, in dem sich die Stimmung der Kirmes, der Geruch von heißem Nougat, Zuckerwatte, gebrannten Nüssen und Schokolade vermischen ...

Zwischen fünf und zehn Unternehmen werden meistens für die Einführung eines einzigen Produktes angesprochen. Nur eines, natürlich, erhält den Zuschlag. Zwischen der Veröffentlichung des Briefings und der endgültigen Antwort des Kunden vergehen durchschnittlich anderthalb Jahre und noch ein weiteres Jahr bis zur Markteinführung. Wie in allen künstlerischen Berufen, die auf Auftrag arbeiten, ist der Frust groß. Der Kunde kann seine Ansprüche durchsetzen und eine Rezeptur ändern lassen, die der Parfümeur als vollendet betrachtete. Einige Briefings dauerten über acht Jahre! Daß die Anforderungen sich in der Zwischenzeit geändert hatten, versteht sich.

Es kommt sogar vor, daß die Parfümeure gebeten werden, bereits auf dem Markt vertriebene Parfüms weiterzuentwickeln, wenn die Verwendung eines ihrer Bestandteile aufgrund der Gesetzgebung unmöglich geworden ist. Dies ist für die Bergamotte der Fall, die nur noch in sehr schwachen Konzentrationen verwendet werden darf, und für den Ambrettenmoschus, der gänzlich verboten ist. Dabei waren sie Bestandteile von zwei berühmten Parfüms, deren Rezeptur überdacht werden mußte. An diesem Punkt können die Forschungsabteilungen, die an dem Aufbau neuer Moleküle arbeiten, ansetzen und diese den Parfümeuren vorschlagen.

Diese Teamarbeit und die ständige Überwachung durch die Marketingabteilungen könnten leicht als Zwang empfunden werden.

Dennoch würden viele Parfümeure die Aussage von Jacques Polge, dem bei Chanel fest angestellten Parfümdesigner, unterschreiben: „Die Gefahr besteht in der Einsamkeit, in der Möglichkeit, Innovatives zu schaffen, das niemand versteht." Und er zitiert ein Dichterwort: „,Eine bessere Zukunft mit den erweiterten Bestandteilen der Vergangenheit schaffen.' Dieser Satz paßt zu der Art, wie ich diesen Beruf auffasse."

Karine Dubreuil, Parfümeurin beim Parfümhersteller DROM: „Für mich weist ein großes Parfüm einen einfachen Aufbau mit einem Hauptakkord, einem deutlichen roten Faden und einer sehr starken, unvergeßlichen Persönlichkeit auf."

Maurice Roucel, Parfümeur der Firma Quest, Kreateur von *Tocade* von Rochas und von *24, Faubourg* von Hermès.

Die Roure-Givaudan-Schule bildet junge Parfümeure aus (nur zwei oder drei pro Jahrgang), die nach anderthalb Jahren Unterricht mit einer „Nase" zusammenarbeiten.

Links: Mit Germaine Cellier hielt die erste Frau in die privilegierte Welt der Parfümeure Einzug. Ihre rege Phantasie und ihre unabhängige Geisteshaltung haben diesen schönen Beruf geprägt.
Rechts: François Coty, Parfümeur und Geschäftsmann zugleich, schuf *Chypre,* auf das die gleichnamige Duftfamilie zurückgeht.

Links: Nicolas Mamounas, Schöpfer zahlreicher Parfüms für Rochas.
Rechts: Jean Kerléo wacht über das Schicksal der Parfüms von Jean Patou. Er ist außerdem ein verdienstvolles Mitglied der Société française des parfumeurs.

Links: Edmond Roudnitska, eine der berühmtesten „Nasen" unserer Zeit. Er schuf unter anderem *Femme* von Rochas, *Eau d'Hermès* und vor allem *Eau sauvage* von Christian Dior.
Rechts: Der Name André Fraysse ist mit dem Lanvins verbunden, für die er wundervolle Kompositionen kreierte.

Die berühmten Parfümeure

Als die Hersteller schöner Düfte, gantiers-parfumeurs, Apotheker und Drogisten im Hinterraum ihrer Läden arbeiteten, ging ihr Ruf kaum über den Kreis ihrer Stammkunden hinaus. Ihr Können wurde als das guter Handwerker anerkannt, und außer einer Elite von versierten Amateuren sah ihre Kundschaft in ihnen lediglich Duftwasserlieferanten. Mit der Geburtsstunde des Industriezeitalters wuchsen der Einfluß und das Prestige der Schöpfer mit der weiteren Verbreitung des Parfüms. Einige erlangten den doppelten Status des Künstlers und des Unternehmers.

Das 1828 von Pierre-François-Pascal Guerlain gegründete Haus gleichen Namens symbolisiert diese Entwicklung. Als Lieferant der Kaiserin Eugénie erwarb der Parfümeur einen Ruf, der es seinem Sohn Aimé ermöglichte, *Jicky* zu kreieren und seinem Enkel Jacques ab 1892 die innovativsten Parfüms dieser Zeit zu komponieren: *Mitsouko, Shalimar, L'Heure bleue, Vol de nuit, Après l'ondée.* Mit Jean-Paul Guerlain, Jacques' Enkel, der aktuellen „Nase" des anspruchsvollen Hauses, führt also die fünfte Parfümeurgeneration das Familienwerk fort.

Der wie Jacques Guerlain 1874 geborene François Coty war einer der ersten Vertreter jener neuen Gattung der Künstler-Unternehmer. Er stammte aus Korsika, ließ sich in Paris nieder, wo er dann seine Kreationen in den Kaufhäusern vertrieb. Er eröffnete ein neues Geschäft an der Place Vendôme, was ihm bis 1929 die Entwicklung einer fruchtbaren Zusammenarbeit mit dem Glasmacher Lalique ermöglichte. Der Krach der New Yorker Börse stoppte schlagartig seinen Aufstieg. Neben *L'Origan* und *Emeraude* ist seine berühmteste Kreation zweifellos *Chypre,* deren Basisakkord so bemerkenswert ist, daß er ein Duftkonzept geprägt hat: die Chypre.

Ein anderer großer Parfümeur, Ernest Beaux, hat seinen Namen mit dem bekanntesten aller Parfüms in Verbindung gebracht: Chanels *N° 5.* Er wurde 1881 in Moskau geboren und machte schnell Karriere bei der Firma Rallet, einem russischen Parfümeur französischer Herkunft. Als er einberufen wurde, kam er nach Frankreich, und nach dem Krieg nahm er seine Stellung in Grasse wieder ein, wo die Fa. Rallet Zuflucht vor der Revolution gefunden hatte. 1920 unterbreitete er Mademoiselle Chanel auf ihren Wunsch hin zwei Entwurfsreihen, die von 1 bis 5 und von 20 bis 24 numeriert waren. Die Nummer 5 erweckte die Aufmerksamkeit der großen Modeschöpferin. Seine Originalität bestand in der erstmaligen Verwendung von Aldehyden, kräftigen Syntheseprodukten. Das Werk von Ernest Beaux, der auch *N° 22* und *Cuir de Russie* für Chanel sowie *Soir de Paris* für Bourjois kreierte, ist von dieser Suche nach neuen Rohstoffen geprägt.

Germaine Cellier gelang es als erster Frau, die geschlossene Welt der Parfümeure zu erobern. Sie wurde 1909 in Bordeaux geboren und begann 1930 ein Chemiestudium in Paris. Die Welt der Düfte interessierte sie, und sie ging zum Parfümhersteller Roure-Bertrand-Dupont. Sehr bald machte diese hübsche junge blonde Frau von sich reden. Ihre direkte und bildhafte Ausdrucksweise verschont niemanden, und diejenigen, die sie gekannt haben, beschreiben sie gern als eine „blonde Arletty“[1]. Zu diesem Zeitpunkt bemühte sich die Fa. Roure, die Rohstoffe herstellte und an Parfümeure verkaufte, ihren Tätigkeitsbereich zu erweitern, indem sie selbst fertige Parfüms kreierte und die Modeschöpfer dazu bewegte, sie unter ihrem Namen auf den Markt zu bringen. Für Germaine Cellier waren dies ideale Bedingungen, um ihrer Phantasie freien Lauf zu lassen. Ihre Kreationen waren gewagt, unzweideutig, etwas rauh. Sie mochte kurze, prägnante Rezepturen. Sie war davon überzeugt, daß die Parfümerie eine Begabung sei, daß sie keine Regeln habe und sich nicht erlernen lasse. Für Robert Piguet, einen ehemaligen Modezeichner aus dem Hause Paul Poirets, der sein eigenes Unternehmen gegründet hatte, schuf sie 1944 das wunderschöne *Bandit,* ein ledriges, wildes und sinnliches Chypre. Aus ihrer Begegnung mit dem Modeschöpfer Pierre Balmain entstand *Vent vert,* das erste Parfüm mit grüner Note, in das sie mutig 8% Galbanum gemischt hatte. Ihr ungestümes Temperament und ihre leidenschaftlichen Einstellungen in bezug auf die Parfümkreation entfremdeten sie Roure. Sie wurde 1946 Geschäftsführerin der Exarome. Dort wurde der erste Werbefilm über das Parfüm gedreht, dessen Text ein Gedicht von Louise de Vilmorin bildete. 1946 kreierte sie *Cœur Joie,* das erste Parfüm von Nina Ricci, ein sehr schönes blumiges Aldehyd. Es folgten zahlreiche immer originelle Kompositionen wie *Jolie Madame* von Balmain (1953), *Monsieur Balmain* (1964) und mehrere in den USA für Elizabeth Arden verkaufte Parfüms.

Bemerkenswert ist das Treueverhältnis, das sich nach der Einführung des ersten Parfüms zwischen dem Parfümeur und dem Designer aufbaut. So ist der Name von André Fraysse mit dem von Jeanne Lanvin unzertrennlich verbunden. Dieser Schweizer, der sich mit achtzehn für die französische Staatsangehörigkeit entschied, traf 1925 die Modeschöpferin und schloß sich der Société des parfums Lanvin an. Seine erste Kreation war *My sin* (1925), bald gefolgt von *Arpège* (1927), einer subtilen Mischung aus Bulgarischer Rose, Jasmin aus Grasse, Pfeifenstrauch, Maiglöckchen und Geißblatt in der berühmten schwarzen Kugel, die nun das Flakon der Lanvin-Parfüms werden sollte. „Wie die Liebe soll das Parfüm die Frau bereits bei dem ersten Kontakt fesseln“, verlangte André Fraysse. Für Lanvin kreierte er auch *Scandal* (1932), *Rumeur* (1932) und *Prétexte* (1937).

Auch wenn die Geschichte dieser Persönlichkeiten den Sachkundigen bekannt ist, ist das Parfüm zweifellos die einzige Kunst des 20. Jhs., die die Anonymität der meisten ihrer Schöpfer bewahrt. Es sei an dieser Stelle erlaubt, dem Talent von Henri Almeras – dem Schöpfer von *Joy,* von Patou, und der meisten der Parfums de Rosine –, Louis Armigeat – dem Schöpfer der meisten Parfüms von L.T. Piver –, Maurice Blanchet (*Je reviens* und *Sans adieu* von Worth), Jean Carles (*Tabu* und *Canoé* von Dana, *Ma Griffe* von Carven), Ernest Daltroff (*Narcisse noir* und *Fleurs de rocaille* von Caron), Henri Robert (*Pour monsieur, N° 19* von Chanel) zu huldigen.

[1] Französische Schauspielerin, die u.a. Ende der 30er und der 40er Jahren in zahlreichen Filmen von Marcel Carné mitwirkte und für ihr freches und görenhaftes Mundwerk bekannt war.

Ernest Beaux: Dieser junge Mann mit Dandy-Allüren ist der geniale Schöpfer des berühmtesten aller Parfüms, *N° 5* von Chanel, und von *Soir de Paris* von Bourjois. Er trug durch innovative Kompositionen und die Verwendung synthetischer Rohstoffe zum Fortschritt der Parfümerie bei.

Bei Guerlain wird der Beruf des Parfümeurs von Generation zu Generation übertragen. Seit über einem Jahrhundert kreiert diese große Familie herrliche Kompositionen, deren Stil sofort erkennbar ist, so daß man ihn sogar als „Guerlinade“ bezeichnet.

Oben: Durch die modernen Destillationsverfahren entstanden hochtechnisierte Maschinen wie dieser Turbodestillierer.

Unten: Die Zeit der alten Destillierapparate, die die ersten Parfümeure verwendeten, ist tatsächlich vorbei.

Jean Kerléo, Parfümeur bei Jean Patou. Die Duftstreifen sind das unentbehrliche Werkzeug der „Nase": Mit einigen Tropfen Rohstoff oder Komposition besprüht, ermöglichen sie ihm, die Qualität des Duftes einzuschätzen und dessen Entfaltung zu verfolgen.

Glossar des Parfümeurs

Die mit * gekennzeichneten Begriffe verweisen auf eine weitere Definition

Absolue: Die absoluten Essenzen werden aus den Konkreten* oder den Resinoiden* gewonnen. Letztere werden mehrmals mit Alkohol gewaschen; dann werden die alkoholischen Lösungen glasiert und filtriert, um die Wachse zu entfernen, schließlich bei geringem Druck durch Destillation* konzentriert, um den Alkohol auszuscheiden.

Akkord: Durch die Mischung von zwei oder drei Rohstoffen bzw. einfachen Noten* erzielte Wirkung. Man spricht von harmonischem Akkord, wenn die Proportionen und die olfaktorische Intensität der einzelnen Bestandteile ausgeglichen sind.

Ätherisches Öl (oder Essenz): Dieser Begriff bezeichnet die Duft- und flüchtigen Stoffe, die aus den pflanzlichen Rohstoffen durch Destillation* oder Kaltpressung* gewonnen werden. Es gibt Rosen- Sandelholz-, Zitronenessenzen usw.

Aufguß: Aufgießen bedeutet in der Parfümerie, daß ein fester Stoff und eine Flüssigkeit über längere Zeit (manchmal mehrere Jahre) in Kontakt gebracht werden, um die löslichen Teile kalt zu lösen. Dem Aufguß werden Moschus, Ambra, Eichenmoos usw. unterzogen.

Base: Dieser Begriff bezeichnet eine von ihrem einfachen, sich aus der Verbindung mehrerer Rohstoffe ergebenden Duft gekennzeichnete Komposition*. Sie bildet einen bereits zusammengesetzten Grundstoff, den die „Nase"* in ihrer Rezeptur als vollwertigen Rohstoff verwendet.

Basis oder Fond: Man spricht von Fond, oder üblicherweise von Basisnote, um die Endphase der Entfaltung eines Parfüms zu bezeichnen, die nach der Verflüchtigung der Kopf*- und Herznote* andauert. Dieser haftendere Charakter ist auf die weniger flüchtigen Parfümbestandteile zurückzuführen.

Chromatographie: Wissenschaftliches Analyseverfahren, das die Identifizierung und Überprüfung der Molekularbestandteile eines Parfümerie-Produktes ermöglicht.

Designer: in der Parfümerie die Künstler, die die Flakons entwerfen.

Destillation: Beförderung – anhand von Wasserdampf – der in bestimmten natürlichen Rohstoffen enthaltenen Duftstoffe, die als ätherisches Öl* aufgesammelt werden.

Diffusion: Ausbreitung eines Geruchs in der Luft.

Duft: Ergänzung zum Begriff des Geruchs, der angenehm oder unangenehm sein kann. Bezeichnet den angenehmen Geruch eines Parfüms.

Duftorgel: Dieser Begriff wird in Anlehnung an die Musik von den Parfümeuren verwendet, um die Vielfalt oder die Anzahl der von ihnen verwendeten Roh- und Grundstoffe zu bezeichnen. Man spricht auch von Klaviatur oder Palette.

Duftstreifen (Riechstreifen): Dies ist das unentbehrliche Werkzeug der Parfümeure und Chemiker. Es handelt sich um einen Streifen aus speziellem (klebstofffreiem) besonders saugfähigem Papier, den man in eine Komposition* oder einen Rohstoff taucht. Der Parfümeur führt es dann zur Nase, um die Qualität des Produkts zu schätzen und seine Entfaltung (Kopf*- Herz*-, Basisnote*) zu verfolgen.

Essenz: siehe ätherisches Öl.

Expression: Extraktionstechnik für bestimmte ätherische Öle, hauptsächlich aus Zitrusfruchtschalen, die auf mechanische Mittel wie Pressung, Zentrifugieren usw. zurückgreift.

Extrakt: siehe Parfüm.

Flüchtig: bezeichnet einen Geruch, der sich sehr schnell verflüchtigt.

Geruch: Dieser Terminus bezieht sich in der Parfümerie insbesondere auf die

Rohstoffe oder einfache Noten* im Gegensatz zum Begriff des Duftes*, der sich auf den erhabeneren Geruch eines fertigen Produktes bezieht.

Headspace: bezeichnet ein neuartiges Analyseverfahren der flüchtigen Bestandteile der Duftstoffe im Vakuum.

Herz: Man spricht von der Herznote, um in der Entwicklung eines Parfüms die Phase zu bezeichnen, die sich nach dem Duftauftakt oder der Kopfnote* und vor der Basisnote* entfaltet. Die Herznote bestimmt das Thema eines Parfüms.

Komposition: Es ist die vollendete Mischung aller natürlichen und synthetischen Produkte und der Basen*. Die Parfümeure benutzen diesen Begriff, um das nach der Kreationsarbeit erhaltene Produkt zu bezeichnen.

Konkret: Dies ist ein festes oder halbfestes, nach der Extraktion der Duftstoffe einiger pflanzlicher Rohstoffe wie Jasmin, Rose, Narzisse anhand von flüchtigen Lösungsmitteln (Hexan, Benzol) gewonnenes Produkt.

Konservierungsstoff: Es ist der chemische Wirkstoff, den die Parfümeure manchmal ihren Kompositionen hinzufügen, um die Auswirkungen der Oxidierung zu verzögern.

Konzentrat: Dieser Begriff bezeichnet die Komposition* im Stadium nach der Zubereitung (Wiegen der verschiedenen, in der Rezeptur von der „Nase"* festgelegten Produkte). Dann werden die Konzentrate in Alkohol gegeben, wobei der %-Anteil je nach dem angestrebten Produkt – Extrakt*, Eau de Parfum, Eau de Toilette, oder jedem anderen Parfümartikel – variiert.

Kopf: Man spricht von Kopfnote in bezug auf den ersten, bei der Verwendung eines parfümierten alkoholischen Produkts wahrgenommenen olfaktorischen Eindruck. Sie ist auf den flüchtigen Charakter bestimmter Duftstoffe zurückzuführen.

Nase: Neben dem Riechorgan bezeichnet dieser Begriff in der Parfümerie die Menschen, die die Parfüms kreieren.

Note: Was den Duft* eines Rohstoffes oder einer Komposition* auszeichnet. Zum Beispiel: eine blumige Note, eine grüne Note, eine würzige Note.

Palette: Wie die Maler verwenden die Parfümeure diesen Begriff, um die Gesamtheit der ihnen zur Verfügung stehenden Rohstoffe zu bezeichnen.

Parfüm: Das konzentrierteste und im allgemeinen reichhaltigste Produkt einer bestimmten Serie, auch Extrakt genannt. Der Begriff Parfüm bezeichnet außerdem das Endergebnis der schöpferischen Arbeit der Parfümeure. Er wird oft fälschlicherweise anstatt Duft* oder Note* verwendet.

Resinoid: Dies ist ein harzartiges, durch die Behandlung bestimmter natürlicher Balsame, Gummis und Harze mit flüchtigen Lösungsmitteln gewonnenes Produkt, das im allgemeinen in der Basisnote* verwendet wird.

Saft: umgangssprachlicher, von den Fachleuten verwendeter Ausdruck für die alkoholische Lösung eines Parfümkonzentrats.

Schwerpunkt oder Hauptnote: Es ist die in einer Komposition* olfaktorisch wahrnehmbarste Note. Zum Beispiel: eine blumige Note mit Schwerpunkt Jasmin.

Serie: alle Produkte, die vom selben Duft abgeleitet werden und unter demselben Namen vertrieben werden.

Spur: Die Parfümeure sprechen von Spur, um den wahrgenommenen olfaktorischen Eindruck auszudrücken, der sich in der Luft einstellt, wenn eine parfümierte Person vorbeigeht.

Test: Probe, die es ermöglicht, den Wert und die Zuverlässigkeit eines Produktes – im allgemeinen vor der Markteinführung – einzuschätzen.

Thema: Hauptakkord, um den die „Nase"* ihre schöpferische Idee entwickelt.

Umschlagen: Man sagt, daß ein Parfüm umschlägt, wenn sein Geruch oder seine Farbe sich aufgrund von chemischen oder physischen, auf die Einwirkung von Luft, Hitze, Licht oder auf den Alterungsprozeß zurückzuführenden Veränderungen gewandelt haben.

Volumen: bezeichnet einen Duft, der sich großzügig in der Luft ausbreitet.

Das Rosenkonkret wird durch Extraktion der Duftstoffe der Blüte mit flüchtigen Lösungsmitteln gewonnen. Dieses feste oder halbfeste Produkt wird dann zu absoluter Essenz verarbeitet.

Erinnerung an vergangene Zeiten: Diese Duftorgel wurde früher von den Parfümeuren zur Aufstellung ihrer Rohstoffe verwendet. Heute werden die kleinen Fläschchen meist auf Regalen aufbewahrt, und das Wiegen erfolgt mit elektronischen Meßinstrumenten.

Bereits am Ende des vorigen Jahrhunderts begriffen die Parfümeure die Notwendigkeit einer gepflegten Ausführung von Verpackungen und Etiketten. Das Haus Roger & Gallet zeigte ein besonderes Talent bei der Gestaltung seiner Verpackungen.
Links: *Rêve fleuri.*
Rechts: Das *Eau de Cologne Jean-Marie Farina,* das Roger & Gallet noch immer unter dem Namen *Extra-Vieille* verkauft.

Cigalia von Roger & Gallet (1924). Man beachte die Schönheit und die Feinheit des Kästchens, in dem das Flakon aufbewahrt wurde. Es besteht aus Holzplättchen und stellt zwei sich gegenüberstehende Zikaden mit geäderten Flügeln dar; das Relief ist geprägt, die Patina aus Bronze, und der Titel wurde mit Brandmalerei ausgeführt.

Von der Werbung zum Marketing

Einen Geruch mit Worten auszudrücken fällt nicht leicht. So versteht man auch, wie schwierig es ist, diejenigen zu finden, die zum Kauf eines Parfüms überreden sollen. Der Duft selbst ist das allerletzte Argument – zum Zeitpunkt des Kaufs im Geschäft. Es ist also notwendig, das Parfüm mit einer imaginären visuellen Bezugswelt zu umgeben, die seine Persönlichkeit unterstreichen soll.

Der Aufschwung der Parfümindustrie in der breiten Öffentlichkeit am Ende des letzten Jahrhunderts traf mit den Anfängen der Werbung zusammen. Zu dieser Zeit jedoch unterschieden sich höchstens die graphische Gestaltung der Etiketten, die Qualität der Verschlüsse und der Verpackung. Verkauft wurde in erster Linie der Inhalt, der Behälter entsprach lediglich dem Gebot der Notwendigkeit.

Die Namen selbst spiegelten direkt die Zusammensetzung des Produkts wider: *Jasmin* oder *Rose* von Molinard, *Violette pourpre* oder *Fougère royale* von Houbigant, *Rose Jacqueminot* oder *Jasmin de Corse* von Coty. Die Etiketten verzierten ganz selbstverständlich entsprechende Blumenmotive oder sich bei der Morgentoilette parfümierende Frauen.

Der Kauf war einfach: Das Produkt war auf dem Etikett deutlich beschrieben, auf dem manchmal sogar wie bei Medikamenten eine Anwendungsanweisung stand. Im Gegensatz zu den schönen und hochwertigen, gesondert erworbenen Flakons, die man mit beliebigen unterschiedlichen Parfüms füllte, hatten die Behälter die Standardformen der in der Apotheke verkauften Arzneimittelflaschen. Interessanterweise ist mit *Angel* von Thierry Mugler die Rückkehr zu dieser Tradition festzustellen, dessen sehr schönes sternförmiges Flakon in der Parfümerie nachgefüllt werden kann (niemand weiß, was passiert, wenn man es einmal mit einem anderen Parfüm nachfüllen lassen möchte…).

Mit der zunehmenden Verwendung der Syntheseprodukte und dem allmählichen Verschwinden der einblumigen Düfte zugunsten exquisiter, komplexerer und schwer zu beschreibender Kompositionen entwickelten sich die Parfümnamen in Richtung eines anschaulichen Einfallsreichtums.

Parallel dazu begann die Gestaltung von Produkten mit klarer abgegrenzten Persönlichkeiten, die für einen ausgewählten Kundenkreis bestimmt waren. Dies war der Beginn der Parfüms für junge Mädchen oder Frauen, für den Tag oder für die Nacht, für den Sommer oder für den Winter – unter anderem in Zusammenhang mit der Pelzmode, denn Pelze wurden parfümiert. Die Vervielfältigung der Düfte und der Zielgruppen zog wie von selbst eine wesentlich ausgeprägtere Individualisierung der Namen und der Verpackungen nach sich.

Voilà pourquoi j'aimais Rosine (Und darum liebte ich Rosine) – dieses unschuldige, bei der Weltausstellung 1900 ausgesprochene Geständnis war in Wirklichkeit der Name der jüngsten Kreation aus dem Hause

Guerlain. Das vasenförmige, überraschenderweise von einem Strauß aus Seidenbegonien gekrönte Flakon griff eben diesen entzückend naiven Zug wieder auf. Das Gesamtkonzept, der Einklang zwischen Namen, Flakon und Parfüm kennzeichnen vielleicht den eigentlichen Anfang der modernen Kommunikation in der Welt des Parfüms, die erste Anwendung des Begriffs „Marketing" auf diesen Bereich.

Ab etwa 1910 übernahm die breite Mehrheit der neuen Parfüms diese allumfassende Betrachtungsweise, in der Name und Form des Flakons eine gemeinsame imaginäre Welt hervorriefen: *Scarabée* von L.T. Piver mit dem käferförmigen Flakon, *Nuit de Chine* von Les Parfums de Rosine, dessen Flakon, Verpackung und Design an dieses Land erinnerten, *Ambre antique* von Coty, dessen sehr schönes Flakon von Lalique den in eine Toga gehüllten Körper einer Frau darstellte, *Cigalia* von Roger & Gallet, das mit zwei Zikaden geschmückt war, oder auch *Rêve sur le Nil* von Monne mit dem von einem lotusblumenförmigen Verschluß gekrönten Pharaonenkopf.

Nach Zeiten der ungezügelten Phantasie, die manchmal die Grenzen des guten Geschmacks berührt, kehrt die Avantgarde im allgemeinen zu mehr Nüchternheit, ja gar Strenge zurück. So wie Le Corbusier und Robert Mallet-Stevens ab den 20er Jahren als französische Erben des Bauhauses durch die Ablehnung des Dekors und die Suche nach der Echtheit der Formen im Licht die Architektur grundlegend veränderten, revolutionierte Gabrielle Chanel mit ihrem *N° 5* die Parfümerie.

Neben der gewagten Verwendung von Aldehyden in der Komposition und der Wahl des – in einer Zeit, in der Bezeichnungen wie *Toujours moi, Nuit de Noël* oder *Rêve d'Or* blühten – denkbar neutralsten Namens bildet das im New Yorker Museum of Modern Art ausgestellte Flakon eine ästhetisch vollkommene Behauptung der einfachen Funktion des Beinhaltens und ein Musterbeispiel des modernen Klassizismus: ein mit einem als Smaragd geschliffenen Verschluß gekröntes Glasrechteck mit glatten Kanten und einem strengen weißen Etikett, auf dem sich der Name in schwarzen Buchstaben abhebt. Dank seiner Nüchternheit und der Effektivität seiner Linien überdauerte es Jahrzehnte und blieb an der Spitze der weltweit meistverkauften Produkte, auch wenn das große Haus zugibt, daß das Flakon regelmäßig behutsam abgeändert wird.

Nach dem überwältigenden Erfolg des *N° 5* von Chanel zögerten andere Parfümeure nicht, sich von diesem Namen direkt anregen zu lassen. So brachte Molyneux *Le Numéro Cinq* auf den Markt – mit einer Dreistigkeit, die man sich heute wahrscheinlich nicht mehr leisten könnte; Alice Choquet nannte eine ihrer Kompositionen *Double Cinq;* Henri Bendel schuf sogar einen Duft namens *Cinque, triple cinque.*

Die Mode der Nummern war aufgekommen, und später verwendeten viele Parfümeure eine Ziffer oder eine Zahl (*Le Dix* von Balenciaga, *1000* von Jean Patou), die sie manchmal mit ihrem Namen verbanden *(Givenchy III, Azzaro 9, Scherrer 2, Gucci n°3).* Chanel sollte noch die *N° 22* und dann die *N° 19* auf den Markt bringen.

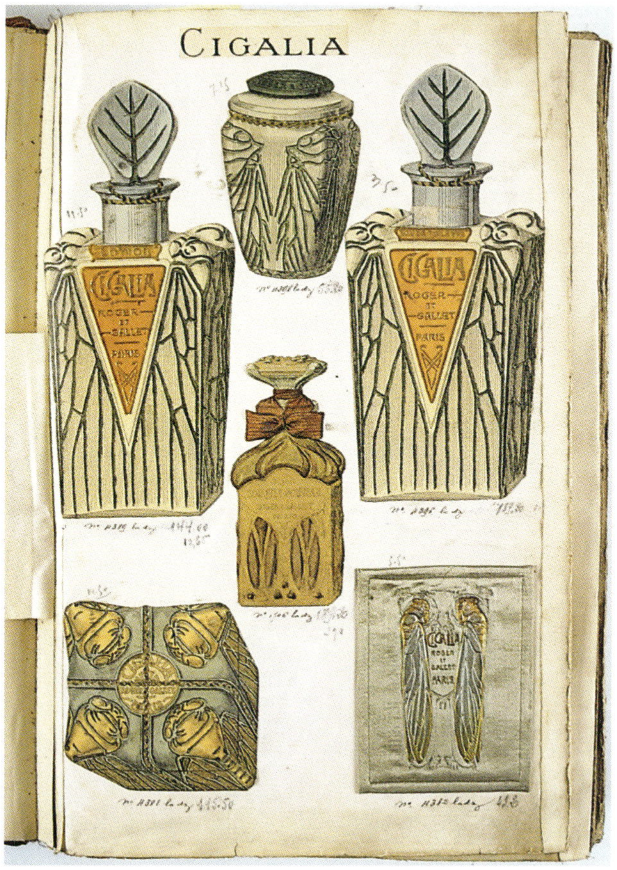

Cigalia, dessen Flakon René Lalique entwarf, wurde nach Katalog von Vertretern verkauft, die die Parfümeure besuchten. Dieser Nachdruck stammt aus einem bis 1920 verwendeten Katalog.

Magie von Lancôme (1950). Armand Petitjean, der Gründer von Lancôme, betrachtete die Werbung als Prestigeinstrument für seine Marke. So wurde auf diesem von Edmond-Maurice Pérot gestalteten Plakat die Welt Salvador Dalís verwendet.

Joy von Jean Patou (1930).
Links: Die amerikanische Werbung, die das „teuerste Parfüm der Welt“ verewigte.
Rechts: Die aktuelle Werbung definiert erneut die Welt von *Joy* mit derselben Botschaft, aber der elitäre Charakter wird mit Humor und Fröhlichkeit wiedergegeben. Luxus verkauft sich immer.

Wenn Coco Chanel in der Welt der Mode der Vorkriegszeit brillierte, hatte sie nichtsdestoweniger eine talentierte Gegenspielerin: die Baronin Elsa Schiaparelli. Diese Italienerin mit starker Persönlichkeit machte bald durch eine originelle Mode auf sich aufmerksam, die an Extravaganz grenzte und in der der Einfluß ihrer dadaistischen oder später surrealistischen Freunde durchaus zu spüren war. Ihre Lieblingsfarbe war ein kräftiges grelles Pink, das „Shocking pink“.

Die Modeschöpferin beschloß, daß der Name all ihrer Parfüms mit dem Buchstaben S, dem Initial ihres Namens, beginnen sollte. So lancierte sie 1928 *S,* das nicht den erhofften Erfolg brachte, dann 1933 *Schiap, Salut* und *Soucis*. Zwischen 1936 und 1938 erlebte die Stylistin ihre schöpferischste Phase. Sie brachte zunächst *Shocking* auf den Markt, dessen erstaunliches, offensichtlich surrealistisches Flakon eine Schneiderpuppe mit den Kurven der Mae West, einer ihrer Kundinnen, darstellte. (Diese amerikanische Schauspielerin scheint ohnehin für viele Parfümeure eine wirkliche Muse gewesen zu sein, denn ihre Rundungen lagen auch dem Flakon von *Femme,* dem Parfüm ihres Freundes Marcel Rochas, zugrunde.) Das Flakon von *Shocking* war außerdem von einem flexiblen, um den Hals gelegten und an der Taille gekreuzten Maßband und einem in den Kragen gesteckten Stoffblumenstrauß gekleidet. *Sleeping,* das nächste Parfüm, hatte die Form eines Kerzenständers mit brennender Kerze, wobei der rote Kristallverschluß die Flamme darstellte. Die Verpackung in Form eines hellblauen Löschhütchens verstärkte diese Assoziation. 1945 entwarf Salvador Dalí das herrliche Flakon für *Le Roy Soleil:* Ein goldfarbener Verschluß als strahlende Sonne mit nachdenklichem Gesicht überragt auf einem an einen Felsen erinnernden Flakon, in dem sich ein blaues und goldenes Meer widerspiegelt – das Ganze in einem wunderschönen Kästchen in Form einer Muschel. Nach dem Zweiten Weltkrieg gelang es Elsa Schiaparelli leider nicht mehr, ihre Originalität durchzusetzen, ihre Ateliers schlossen 1954. Jenes Bedürfnis, die Zugehörigkeit verschiedener Düfte zu einem und demselben Geist zu unterstreichen, sich für die Einführung neuer Produkte auf den Ruf alter Kreationen zu berufen, bestimmte die Namensgebung zahlreicher Parfüms. *Calèche,* bei Hermès 1961, und später *Equipage* und *Amazone* beziehen sich auf den traditionellen Tätigkeitsbereich des Hauses: die Sattlerei. Was Dior betrifft, kam es zwischen 1947 und 1979 zu einem einem wirklichen Feuerwerk deklinierter Formen: *Miss Dior, Diorama, Diorissimo, Diorling, Diorella, Dioressence.* Bei Jean Patou war der Sammlereffekt weniger narzißtisch orientiert und viel mehr der Zeit verbunden: *Normandie* für den Stapellauf des gleichnamigen Passagierschiffes 1935, *Vacances* 1936 für die Einführung des bezahlten Urlaubs in Frankreich, *Colony,* während 1938 Kriegsgerüchte kursierten und man sich in die Ferne wünschte, *L'Heure attendue* 1946 zur Feier der Befreiung Frankreichs.

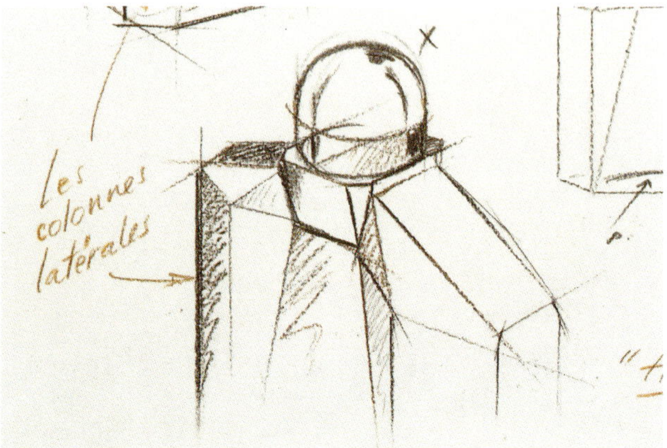

Künstler und Techniker zugleich, die Flakondesigner spielen eine entscheidende Rolle für den Erfolg eines Parfüms: die Materialisierung eines Traumes.

Heute ist es nicht einfach, einen Duft aus der Taufe zu heben. Es wird sogar von Jahr zu Jahr schwieriger. Der Markt erstreckt sich nun auf die ganze Welt, und die erste Schwierigkeit besteht infolgedessen darin, einen in allen Hauptsprachen leicht auszusprechenden Namen zu finden, der zudem in keiner von ihnen eine störende Konnotation aufweist. Die zweite und zwingendere besteht darin, diesen Namen schützen zu lassen. Wenn man bedenkt, daß Computer ständig arbeiten, um im Auftrag von Gesellschaften alle wohlklingenden Namen zu bilden, die diese dann weltweit eintragen lassen, kann man sich vorstellen, daß es an ein Wunder grenzt, diese seltene Perle ausfindig zu machen.

Dies ist dennoch bei *Opium* und *Poison* von Christian Dior gelungen. Diese Namen, auf beiden Seiten des Atlantischen Ozeans gleichermaßen verständlich, waren nicht geschützt – wahrscheinlich, weil niemand sich hätte vorstellen können, daß man Parfüms so nennen könnte. Das traditionellere, zart und weiblich klingende *Ysatis* von Givenchy verdankt seinen Namen einer Computerkombination aus Yseult, der französischen Form der Isolde, und Isis.

Meistens sind die in Erwägung gezogenen Namen bereits eingetragen. Wenn sie fünf Jahre lang nicht verwendet wurden, ist zwar ein Aberkennungsverfahren möglich, aber meistens ermöglicht eine geschäftliche Verhandlung den Erwerb der Rechte. Ein guter Name ist manchmal mehrere Millionen Francs wert, und gegen Nachahmungen werden sogenannte Schutzeintragungen vorgenommen. Um *Poison* errichtete Dior einen Schutzzaun aus Venin, Vitriol, Serpent und weiteren Namen. Ein anderer wesentlicher Faktor des Erfolgs eines Parfüms ist das Packaging. Dieser Begriff bezeichnet zugleich das Flakon, die Verpackung und zuweilen auch die Werbung am Verkaufsort. Die Nachfolge von Lalique, der zum Aufschwung des Hauses Coty beitrug, haben andere große Flakonhersteller angetreten, die man heute als Designer bezeichnet.

Ihre erste Aufgabe besteht darin, die Persönlichkeit des Modeschöpfers oder des Parfümeurs zu erfassen, die imaginäre Welt in sich aufzunehmen, die das Parfüm projizieren soll. Im zweiten Schritt muß der Traum gegenständlich gemacht, eine Aura in greifbaren und sich dem reinen Konzept manchmal widersetzenden Materialien festgehalten werden. Es bedarf der Herstellung zahlreicher Entwürfe und Prototypen, um die genaue Nuance eines farbigen Glases, die Körnung eines Mattglases oder die Rundung eines Verschlusses zu treffen. Die Gießer und Glasmacher müssen dann die serienmäßige Produktion organisieren, wobei die im allgemeinen gegensätzlichen Anforderungen der Wahrung des Kunstwerks und der Kosten aufeinandertreffen.

Der Einzug der Frau in die Werbung geht auf die 50er Jahre zurück. Von nun an beginnt man, eine sehr präzise Zielgruppe anzuvisieren: die sportliche Frau, die femme fatale, die executive woman usw.
Rechts: Die aktuelle Werbung von *Shalimar* von Guerlain setzt auf „sinnliche und verführerische Frauen, die bereit sind, sich zur Schau zu stellen", während der vom Zeichner Charnotet 1959 entworfene Cupido uns daran erinnert, daß der Gebrauch der Fotografie in der Werbung erst in den 60er Jahren üblich wurde.

Vierzig Jahre trennen diese beiden Werbungen für *Femme* von Marcel Rochas. 1950 wird die Qualität des Parfüms unterstrichen: „Das beste Parfüm der Welt". Das Plakat unten hat 1990 den ersten Preis für die beste Werbekampagne erhalten.

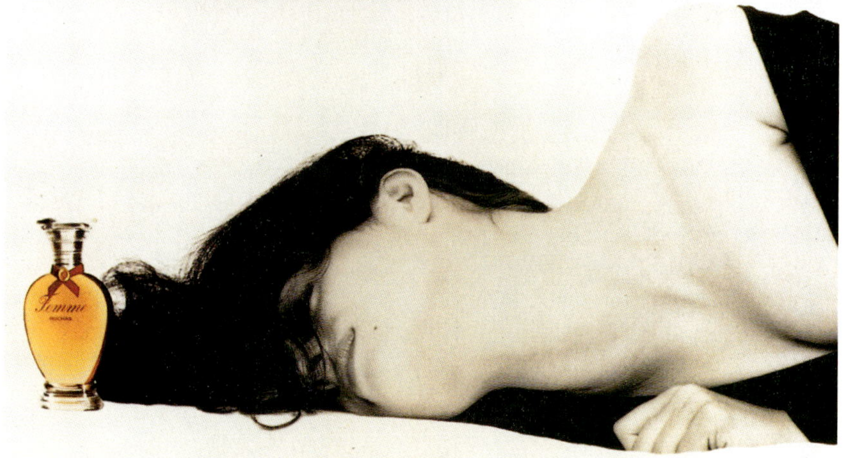

Klassifizierung der Parfüms

Der technische Ausschuß der Société française des parfumeurs hat eine Klassifizierung der Duftkonzepte erstellt, die vom Comité français du parfum veröffentlicht wurde. So erfahren Sie, welchem Duftkonzept Ihr Lieblingsparfüm angehört …

A. Hesperiden/Citrus

Als Hesperiden werden die ätherischen Öle bezeichnet, die durch Kaltpressung der Schale von Früchten wie Zitrone, Bergamotte, Orange, Grapefruit usw. gewonnen werden. In dieser großen Familie findet man die ersten von Männern und Frauen benutzten Eaux de Cologne.

1 ✿ Citrus
2 ✿ Citrus blumig Chypre
3 ✿ Citrus würzig
4 ✿ Citrus holzig
5 ✿ Citrus aromatisch

B. Blumig

Diese Familie ist die wichtigste und schließt die Parfums ein, deren Hauptnote von einer Blume bestimmt ist: Rose, Jasmin, Veilchen, Flieder, Maiglöckchen, Narzisse, Tuberose …

1 ✿ Einblumig
2 ✿ Einblumig Lavendel
3 ✿ Blumig
4 ✿ Blumig grün
5 ✿ Blumig aldehydig
6 ✿ Blumig holzig
7 ✿ Blumig holzig fruchtig

C. Fougère

Diese Phantasiebezeichnung bezieht sich keineswegs auf den Geruch von Farn. Das Duftkonzept beruht meistens auf einem Akkord aus Lavendel-, Holz-, Eichenmoos-, Kumarin-, Bergamottenoten …

1 ✿ Fougère
2 ✿ Fougère orientalisch süß
3 ✿ Fougère blumig orientalisch
4 ✿ Fougère würzig
5 ✿ Fougère aromatisch

D. Chypre

Der Name dieser Familie ist auf den gleichnamigen, 1917 eingeführten Duft von François Coty zurückzuführen. Der Erfolg von Chypre war so groß, daß er zum Sinnbild dieses großen Duftkonzepts wurde, unter dem hauptsächlich auf Eichenmoos-, Ziste-Labdanum-, Patchouli-, Bergamottenoten beruhende Düfte zusammengefaßt werden.

1 ✿ Chypre
2 ✿ Chypre blumig
3 ✿ Chypre aldehydig
4 ✿ Chypre fruchtig
5 ✿ Chypre grün
6 ✿ Chypre aromatisch
7 ✿ Chypre ledrig

E. Holzig

Dieses Duftkonzept umfaßt Düfte mit warmen Noten, wie Sandel und Patchouli, und zum Teil trockenen Noten, wie Zedernholz und Vetiver. Lavendel und Hesperiden bilden meistens die Basisnote dieser maskulinen Kompositionen.

1 ✿ Holzig
2 ✿ Holzig Kiefer Citrus
3 ✿ Holzig aromatisch
4 ✿ Holzig würzig
5 ✿ Holzig würzig ledrig
6 ✿ Holzig orientalisch

F. Orientalisch/Ambriette

Unter diesem Duftkonzept wurden Kompositionen mit zarten, pudrigen, vanilleartigen, Ziste-Labdanum-haltigen und ausgeprägten tierischen Noten zusammengefaßt. Für diese Familie ist die Unterteilung der süßen Ambrietten die repräsentativste.

1 ✿ Orientalisch blumig holzig
2 ✿ Orientalisch blumig würzig
3 ✿ Orientalisch süß
4 ✿ Orientalisch Citrus
5 ✿ Halb-orientalisch blumig

G. Ledrig

Diese Duftfamilie umfaßt Düfte mit trockenen Noten, die den typischen Geruch des Leders nachzubilden versuchen (Rauch, verbranntes Holz, Tabak …) und deren Kopfnoten blumige Akzente aufweisen. Dieses Duftkonzept beinhaltet nur wenige Düfte, die wir aus diesem Grund nicht abgebildet haben.

1 ✿ Ledrig
2 ✿ Ledrig blumig
3 ✿ Ledrig Tabak

Die Buchstaben-Ziffern-Kombination in Klammern verweist auf die Klassifizierung der Parfüms auf Seite 69.

Oben, von links nach rechts:
Cacharel pour l'homme (1981) (A3, maskulin). *Eau de Patou* (1976) (A1, feminin). *Eau de Rochas* (1970) (A2, feminin).
Unten, von links nach rechts:
Ô de Lancôme (1969) (A2, feminin).
Eau de Cologne impériale von Guerlain (1853) (A1, maskulin).
Monsieur de Givenchy (1959) (A1, maskulin).

Oben, von links nach rechts:
Green Water von Jacques Fath (1947) (A5, maskulin). *Eau sauvage* von Christian Dior (1966) (A2, maskulin).
1881 von Nino Cerruti (1990) (A4, maskulin).
Unten, von links nach rechts:
Monsieur Balmain (1964) (A1, maskulin).
Eau fraîche von Léonard (1974) (A2, feminin). *Armani* (1984) (A4, maskulin).

DIE BUCHSTABEN-ZIFFERN-KOMBINATION IN KLAMMERN VERWEIST AUF DIE KLASSIFIZIERUNG DER PARFÜMS AUF SEITE 69.
Oben, von links nach rechts:
L'Air du temps von Nina Ricci (1948) (B3, feminin).
Arpège von Lanvin (1927) (B5, feminin).
Madame Rochas (1960) (B5, feminin).
Unten, von links nach rechts:
Paris von Yves Saint Laurent (1983) (B3, feminin).
Le Dix von Balenciaga (1947) (B3, feminin).
Je reviens von Worth (1932) (B3, feminin).

Oben, von links nach rechts:
Jardins de Bagatelle von Guerlain (1983) (B3, feminin). *Fidji* von Guy Laroche (1966) (B4, feminin). *1000* von Jean Patou (1972) (B3, feminin).
Unten, von links nach rechts:
L'Interdit von Givenchy (1957) (B5, feminin). *Rive gauche* von Yves Saint Laurent (1971) (B5, feminin). *Calandre* von Paco Rabanne (1969) (B5, feminin).

DIE BUCHSTABEN-ZIFFERN-KOMBINATION IN KLAMMERN VERWEIST AUF DIE KLASSIFIZIERUNG DER PARFÜMS AUF SEITE 69.

Oben, von links nach rechts:
Chloé von Karl Lagerfeld (1975) (B1, einblumiger Tuberosenduft, feminin).
Gardénia von Chanel (1925) (B1, einblumiger Gardenienduft, feminin).
Pour un homme von Caron (1934) (B2, maskulin).

Unten, von links nach rechts:
Quartz von Molyneux (1977) (B7, feminin).
Silences von Jacomo (1978) (B4, feminin).
Eau de Givenchy (1980) (B4, feminin).

Oben, von links nach rechts:
Joy von Jean Patou (1930) (B3, feminin).
N° 19 von Chanel (1970) (B4, feminin).
Amarige von Givenchy (1991) (B6, feminin).

Unten, von links nach rechts:
Anaïs Anaïs von Cacharel (1979) (B3, feminin).
Diorissimo von Christian Dior (1956) (B1, feminin).
Old English Lavender von Yardley (1913) (B2, maskulin).

DIE BUCHSTABEN-ZIFFERN-KOMBINATION IN KLAMMERN VERWEIST AUF DIE KLASSIFIZIERUNG DER PARFÜMS AUF SEITE 69.
Oben, von links nach rechts:
Un été en Provence (1994) (fruchtig-blumig, feminin) und
Ocean Blue (1995) (blumig mit Meeresakzenten, feminin) von Escada.
Trésor von Lancôme (1990) (B3, feminin).
Fahrenheit von Christian Dior (1988)
(B6, maskulin).
Unten, von links nach rechts:
Giorgio von Beverly Hills (1981) (B3, feminin).
Eternity von Calvin Klein (1988) (B3, feminin).
Ombre rose von Jean-Charles Brosseau (1981) (B5, feminin).

Oben, von links nach rechts:
Cool Water von Davidoff (1988) (B7, maskulin).
Rose Cardin (1990) (B7, feminin).
N° 5 von Chanel (1921) (B5, feminin).
Unten, von links nach rechts:
Lalique (1992) (B6, feminin).
Féminité du bois von Shiseido (1992) (blumig mit Meeresakzenten, feminin).
Ferré by Ferré (1990) (B5, feminin).

Die Buchstaben-Ziffern-Kombination in Klammern verweist auf die Klassifizierung der Parfums auf Seite 69.

Oben, von links nach rechts:
Monsieur Rochas (1969) (C4, maskulin).
Canoé von Dana (1935) (C1, maskulin).
Ho Hang von Balenciaga (1971) (C4, maskulin).
Unten, von links nach rechts:
Lacoste (1984) (C5, maskulin).
Drakkar noir von Guy Laroche (1982) (C5, maskulin).
Jazz von Yves Saint Laurent (1988) (C5, maskulin).

Oben, von links nach rechts:
Equipage von Hermès (1970) (C4, maskulin).
Boss Spirit (1986) (C5, maskulin).
Paco Rabanne pour homme (1973) (C5, maskulin).
Unten, von links nach rechts:
Jicky von Guerlain (1889) (C1, feminin).
Azzaro pour homme (1978) (C5, maskulin).
Captain von Molyneux (1975) (C5, maskulin).

YvesSaintLaurent
Femme
ROCHAS
FENDI
EAU DE TOILETTE
SPRAY NATUREL
KOUROS
EAU DE TOILETTE
YvesSaintLaurent
ANTAEUS
POUR HOMME
CHANEL
PARIS
EAU DE TOILETTE

Die Buchstaben-Ziffern-Kombination in Klammern verweist auf die Klassifizierung der Parfüms auf Seite 69.

Linke Seite, oben, von links nach rechts:
Yves Saint Laurent (1993) (D4, feminin). *Femme de Rochas* (1944) (D4, feminin).
Paloma Picasso (1985) (D3, feminin).
Linke Seite, unten, von links nach rechts:
Fendi (1987) (D3, feminin). *Kouros* von Yves Saint Laurent (1981) (D6, maskulin).
Antaeus pour homme von Chanel (1981) (D7, maskulin).

Oben, von links nach rechts:
Mitsouko von Guerlain (1919) (D4, feminin). *Coriandre* von Jean Couturier (1973) (D3, feminin).
Diva von Emmanuel Ungaro (1983) (D3, feminin).
Unten, von links nach rechts:
Empreinte von Courrèges (1971) (D7, feminin). *Miss Dior* (1947) (D5, feminin).
Ma Griffe von Carven (1946) (D3, feminin).

Die Buchstaben-Ziffern-Kombination in Klammern verweist auf die Klassifizierung der Parfüms auf Seite 69.

Oben, von links nach rechts:
Minotaure von Paloma Picasso (1992) (E6, maskulin). *Vetiver* von Guerlain (1959) (E4, maskulin). *Ricci Club* (1989) (E4, maskulin).
Unten, von links nach rechts:
Jacomo von Jacomo (1980) (E4, maskulin). *Vétiver* von Carven (1957) (E1, maskulin). *Gentleman* von Givenchy (1974) (E6, maskulin).

Oben, von links nach rechts:
Safari for Men von Ralph Lauren (1992) (E3, maskulin). *Kenzo pour homme* (1991) (holzig mit Meeresakzenten, maskulin).
Egoïste von Chanel (1990) (E4, maskulin).
Unten, von links nach rechts:
Versace l'Homme (1984) (E3, maskulin).
One Man Show von Jacques Bogart (1980) (E3, maskulin).
Xeryus von Givenchy (1986) (E3, maskulin).

DIE BUCHSTABEN-ZIFFERN-KOMBINATION IN KLAMMERN VERWEIST AUF DIE KLASSIFIZIERUNG DER PARFÜMS AUF SEITE 69.

Oben, von links nach rechts:
Dali von Salvador Dalí (1984) (F1, feminin).
Soir de Paris von Bourjois (1928) (F2, feminin).
Shalimar von Guerlain (1925) (F3, feminin).

Unten, von links nach rechts:
Habit rouge von Guerlain (1965) (F4, maskulin).
Habanita von Molinard (1924) (F1, feminin).
Ysatis von Givenchy (1984) (F1, feminin).

Oben, von links nach rechts:
Magie noire von Lancôme (1978) (F1, feminin).
Sublime von Jean Patou (1992) (F5, feminin).
Coco von Chanel (1984) (F5, feminin).

Unten, von links nach rechts:
Poison von Christian Dior (1985) (F2, feminin).
Obsession von Calvin Klein (1985) (F1, feminin).
Opium von Yves Saint Laurent (1977) (F5, feminin).

JEAN PATOU
JEAN PATOU
LANVIN
LANVIN
CHANEL
PARIS
Christian Dior
Christian Dior
CARON
PARIS
ROCHAS
ROCHAS
ROCHAS
GUERLAIN
GUERLAIN
PARIS

Die grossen Namen des Parfüms

Wenn Guerlain und Lancôme heute ausschließlich als Parfümeure tätig sind, so muß man doch feststellen, daß sie die einzigen sind. Die großen Parfüms sind nun immer mit dem Namen eines berühmten Modeschöpfers, eines Juweliers, eines Sattlers oder eines Lederwarenherstellers verbunden. Die Zusammenkunft des Berufs des Parfümeurs mit dem des Modeschöpfers erfolgte zu Beginn unseres Jahrhunderts. Paul Poiret bot als erster sein eigenes Parfüm als raffinierte Ergänzung seiner Kleider an. Seine lukrativen Anwandlungen waren vielleicht nicht sehr ausgeprägt, denn sein Name erschien nicht einmal auf den Flakons, und er hatte diesen neuen Tätigkeitsbereich zu Ehren einer seiner Töchter Les Parfums de Rosine genannt. 1921 folgte ihm Coco Chanel mit ihrem berühmten *N° 5* auf diesem Weg. Die Modeschöpferin erkannte den Vorteil einer Verbindung zwischen ihrem Namen und dem Namen ihrer Düfte. Die weiteren Ereignisse gaben ihr recht. Worth, dann Jeanne Lanvin, Jean Patou, Molyneux, Lucien Lelong, Elsa Schiaparelli, Robert Piguet, Carven, Marcel Rochas oder Pierre Balmain sollten ihrem Beispiel folgen.

Als Christian Dior 1947 sein Haus eröffnete, kam ihm sofort die Idee, diese Geburtsstunde mit einem Duft zu feiern: Es war *Miss Dior*. Im selben Jahr erschienen auch die ersten Parfüms von Nina Ricci, *Coeur Joie*, und von Balenciaga, *Le Dix*, auf den Markt. Zu den bereits erwähnten großen Namen gesellten sich in den 50er Jahren Hubert de Givenchy, Pierre Cardin, Courrèges, Yves Saint Laurent, Louis Féraud, Guy Laroche, Paco Rabanne und Hermès, der Sattler und Lederwarenhersteller, hinzu – sowie in jüngster Vergangenheit jene, die als „Modedesigner" bezeichnet werden: Kenzo, Claude Montana, Jean-Paul Gaultier, Thierry Mugler oder auch Christian Lacroix. Oft spiegelt sich die für ihre Kleiderkollektionen typische Kühnheit in ihren Duftkompositionen wider.

In Anbetracht dieser ständigen Suche nach Neuheit schrieb Colette bereits in den 30er Jahren: „Dank des Couturier-Parfümeurs kann das Parfüm mehr werden als nur ein Klang in der Orchestration der Eleganz: Es kann, es soll das melodische Thema darstellen, den klaren, den unmittelbaren Ausdruck der Tendenzen und des Geschmacks unserer Zeit." Hoffen wir, daß unsere Modeschöpfer dies hören, aber auch, daß sie sich darauf besinnen, daß die Qualität eines Parfüms – anders als die Mode – sich an seiner Langlebigkeit mißt.

Modeschöpfer, Juweliere, Sattler oder Lederwarenhersteller: Durch diese Berufe erlangen die Parfüms des 20. Jhs. ihre Berühmtheit.

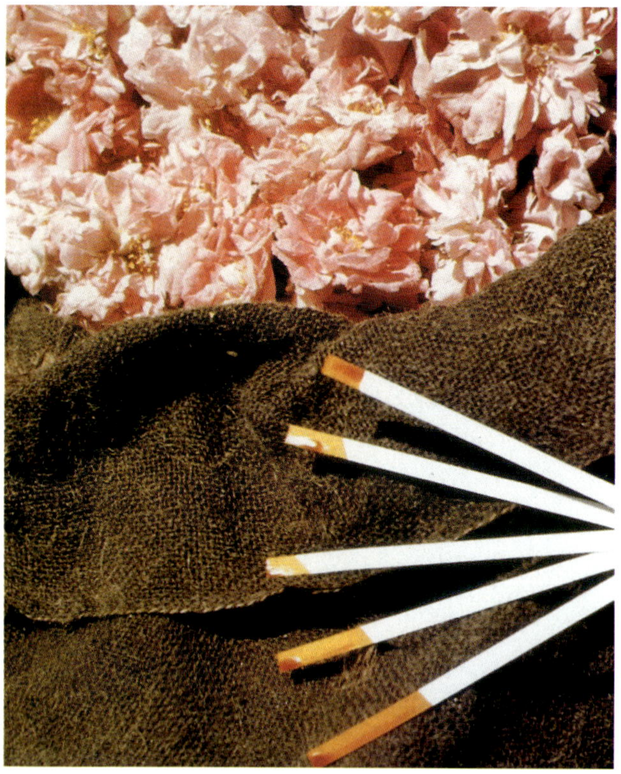

Chanel ist einer der wenigen Parfümeure, die ihre Essenzen und Konkrete selbst herstellen.
Dieser Anspruch führte das berühmte Haus dazu, Pflanzenanbau für seinen alleinigen Gebrauch neu zu fördern.
Dies ist für die berühmten Mairosen aus Grasse der Fall, die für die Komposition zahlreicher Chanel-Parfüms verwendet werden.

N° 19: Das 1970 von Henri Robert kreierte Parfüm verdankt seinen Namen dem Geburtstag von Coco Chanel.

Chanel

Revolution durch Stil

„Wenn Sie ohne Flügel geboren wurden, hindern Sie sie nicht daran, zu wachsen.“ Diese Worte, die Gabrielle Chanel gegen Ende ihres Lebens sprach, gab ihr sicherlich die Erinnerung an ihre Kindheit ein. Über die ersten Jahre der Grande Demoiselle ist wenig bekannt – außer, daß sie zwölf war, als ihre Mutter starb und ihr Vater sie der Obhut eines Waisenhauses überließ. Das junge Mädchen entwickelte bald eine starke Persönlichkeit und eine ausgeprägte Neigung zur Freiheit und Unabhängigkeit. Als sie das Internat verließ, fing sie als Verkäuferin in einem Wirk- und Strickwarengeschäft in Moulins, einer Stadt am nördlichen Rand des Zentralmassivs, an. In ihrer Freizeit trat sie als Sängerin in La Rotonde auf – einer Art Kabarett, in dem sich die Offiziere des benachbarten Regiments drängten. Ihr Repertoire umfaßte zwei Titel: *Ko Ko Ri Ko* und *Qui qu'a vu Coco?* (Wer hat Coco gesehen?) Und schon gaben ihr ihre Bewunderer einen aus ihren beiden Erfolgsliedern entstandenen Spitznamen: Coco war Legende geworden.

1910 bezog Gabrielle Chanel eine Atelierhalle in der Rue Cambon 21 in Paris. Auf dem Türschild konnte man lesen: „Chanel Modes“. Vor einigen Jahren schon hatte ein junger Mann aus gutem Hause, Etienne Balsan, sie ihrem Leben in der Provinz entrissen, der ihr nun eine müßige und luxuriöse Existenz bot. Doch Coco wurde diesen Weg des geringsten Widerstandes bald leid, und als Boy Capel, Etiennes bester Freund, der ihr Liebhaber werden sollte, sich dazu bereit erklärte, sie bei der Finanzierung eines Hutmachergeschäfts in Paris zu unterstützen, zögerte sie keine Sekunde.

Als anerkannte Hutmacherin setzte sie bald ihre Kleiderlinie durch. Ihre ersten Schritte machte sie, indem sie einen Stil kreierte, den es damals für Frauen nicht gab: die sportliche Kleidung. Und sie zeigte sich am Strand mit Fischerjumper und fließendem Rock aus einem zu der Zeit als unwürdig erachteten Material: Strick. 1913 eröffnete sie in Deauville ihre erste Boutique, die bald von einer treuen Kundschaft besucht wurde. Der Chanel-Stil war geboren. Als 1914 der Krieg ausbrach, brauchten diese Damen den Umständen angepaßte Kleidung: Das erste fließende Chanel-Kostüm, das ohne Korsett getragen wurde, war wie für sie geschaffen. Zwei Jahre später führte sie den Jersey in ihre Kollektion ein. Daraus machte sie einen gürtel- und schmucklosen Gehrock, der die Brust und die Wölbung des Rückens mit einer fast männlichen Strenge glättete. Sie erfand auch das Hemdblusenkleid, das „charming chemise dress“, über das die amerikanische Zeitschrift *Harper's Bazaar* ihre entzückte Bewunderung äußerte. Paul Poiret, der große Modeschöpfer des Jahrhundertbeginns, hatte den Fuß entblößt; sie ging weiter: Sie zeigte den Knöchel. Den Rest kennt man: Die Frauen drängelten sich in die Boutiquen von Gabrielle Chanel, deren Name bald zum Maßstab wurde. Eines Abends erschien sie in der Oper mit kurzgeschnittenen Haaren, und fünfunddreißigtausend Friseursalons eröffneten in Frankreich! Sie trug abgerundete Schuhe? Die Schönen vergaßen ihre furchtbaren spitzen Schuhe mit den drei Riemen. Sie trug Perlenketten auf ihren Pullovern, und alle Frauen machten es ihr nach. Sie wagte alles, sogar ihr Gesicht der Sonne auszusetzen, in einer Zeit, in der gebräunter Teint als vulgär verpönt war. Eben dieser innovative Geist lag der tiefen Taille, der Damenhose, dem Strandpyjama, dem berühmten kleinen schwarzen Kleid, das in zahlreichen Exemplaren angefertigt wurde und das die Amerikaner als den „Ford von Chanel" bezeichnen sollten, dem Faltenrock, dem Regenmantel, dem Blazer mit goldenen Knöpfen, dem karierten Tweed, dem Modeschmuck, den langen Halsketten, der Umhängetasche, der gesteppten Tasche mit goldenen Ketten, der beigefarbenen Sandalette mit schwarzer Spitze oder der Haarschleife zugrunde. Nicht zu vergessen das berühmte Chanel-Kostüm, das in der ganzen Welt kopiert wurde und zu einem Begriff geworden ist. In dieser Auflistung fehlt selbstverständlich ein bedeutendes Element, das dem schöpferischen Genie der Chanel nicht entgehen konnte: das Parfüm. „Eine Frau, die sich nicht parfümiert, hat keine Zukunft", wiederholte Coco gerne, dabei griff sie die Worte ihres Freundes Paul Valéry wieder auf. Ihr Parfüm sollte einzigartig sein und keinem anderen gleichen. Sie wollte Schluß machen mit all diesen pudrigen, nach Veilchen duftenden Abgeschmackheiten, und dafür wendete sie sich an den größten Parfümeur ihrer Zeit: Ernest Beaux. Ihm gelang mit einer Fülle von Aldehyden, kräftigen Syntheseprodukten, die im allgemeinen nur sparsam verwendet wurden, das Außergewöhnliche. In Verbindung mit natürlichen Essenzen verliehen sie *N° 5* das gewisse Etwas, dank dessen das erste Parfüm von Chanel sich sofort als geistiger Vater der großen blumigen aldehydigen Parfüms durchsetzte. Auf die Frage von Journalisten, was sie nachts trage, antwortete später Marylin Monroe flüsternd: „Einige Tröpfchen *N° 5!*" *N° 5* war zu einem der mythischen Symbole unserer Zeit geworden, das später durch die Gesichter von Catherine Deneuve und dann von Carole Bouquet verewigt wurde. Ihm folgten *N° 22,* dann *Cuir de Russie, Gardénia* und *Bois des îles.* Diese Kompositionen wurden 1983 von Jacques Polge, der „Nase" des Hauses, neu zusammengesetzt. Inzwischen waren *N° 19,* das seinen Namen dem Geburtsdatum von Chanel verdankt, *Pour Monsieur, Cristalle* (weiblich) und *Antaeus pour homme* entstanden. 1984 trat Jacques Polge mit Erfolg die Nachfolge seiner Vorgänger durch die Kreation von *Coco* an, das mit seiner würzigen Hauptnote jetzt schon der Parfümerie seine Prägung verliehen hat. 1990 schließlich hatte Chanel *Egoïste,* einen vom Sandel aus Mysore (Karnataka) dominierten Herren-Duft, auf den Markt gebracht. Zu Beginn des Zweiten Weltkriegs schloß Gabrielle Chanel ihre Boutique, die sie erst fünfzehn Jahre später wiedereröffnen sollte, als der „New Look" von Dior die Mode bereits revolutioniert hatte. Die Grande Demoiselle knüpfte schnell an den Erfolg wieder an, der das Haus seitdem nicht mehr verlassen hat.

Gabrielle Chanel, Fotografie von Hoyningen Huene, 1935. Diese Frau allein revolutionierte die Welt der weiblichen Mode. Anwendung von Jersey, Hemdblusenkleid, kürzere Röcke, fließende Kostüme, die man ohne Korsett tragen konnte, kurze Haare, Hosen und Sportkleidung: Lang ist die Liste der Gewagtheiten, die die berühmte „Mademoiselle" durchsetzte.

Ernest Beaux: Aus seiner Begegnung mit Coco Chanel entstand einer der innovativsten Düfte in der Geschichte der Parfümerie. Sein Ziel: Chemie und Natur zu verbinden, die Wissenschaft zum Grundstoff der Kunst zu machen. Dies gelang ihm 1921 mit dem heute noch vertriebenen *N° 5:* Echte Modernität überdauert die Zeit …

Oben:
N° 5, der 1921 vom Parfümeur Ernest Beaux kreierte Duft.

N° 22, 1922, ebenfalls von Ernest Beaux kreiert.
N° 5 (vertriebene Version)

Oben:
Coco, der 1984 von dem im Hause Chanel festangestellten Parfümeur Jacques Polge kreierte Duft.
N° 19, das 1970 von Henri Robert kreierte Parfüm.
Unten:
Gardénia (1925), *Bois des îles* (1926) und *Cuir de Russie* (1924): Diese drei Kompositionen, die wir Ernest Beaux verdanken, wurden 1983 von Jacques Polge neu zusammengestellt. Sie werden exklusiv in den Chanel-Boutiquen verkauft.

Maurice Roger, Vorsitzender der Parfums Christian Dior seit 1982. Aus seiner Phantasie entstanden *Poison, Fahrenheit* und *Tendre Poison*. Seit 1987 gehören die Parfums Christian Dior dem Konzern LVMH (Louis Vuitton – Moët Hennessy), Symbol für hochwertige Qualität und Prestige.

Christian Dior

Die Geburt des New Look

„Ich möchte ein kleines diskretes Modeunternehmen für wirklich elegante, sorgfältig ausgewählte Frauen gründen." Mit diesen Worten überzeugte der 41jährige Christian Dior den großen Textilhersteller Marcel Boussac, ihm Gelder für sein Modehaus zu leihen.

Am 12. Februar 1947, während Paris bei Temperaturen von –13° C vor Kälte schlotterte, präsentierte der Modeschöpfer in einem Salon auf der Avenue Montaigne seine erste Kollektion. Neunzig Modelle wurden so einem ausgewählten Publikum gezeigt, die in zwei anschaulichen Themen dekliniert wurden: „Huit" (Acht), für Wespentaille mit wohlgewölbten Hüften, und „Corolles" (Blütenkelch), für gewagte Korsagendekolletés und bis auf halbe Wadenhöhe reichende Röcke. Die Mannequins schritten in einem ununterbrochen Fluß von Stoff auf dem Laufsteg.

Während also Frankreich im Nachkriegsboom explodierte und der Modernismus der 50er Jahre sich am Horizont abzeichnete, leistete sich Christian Dior den Luxus, die Mode neu zu erfinden. Seine Revolution bestand in der... Tradition. Denn die Formen blieben klassisch, aber der Modeschöpfer verstand es, ein Körnchen Frechheit und einen Hauch Verrücktheit einzubringen, die daraus Ereignisse machten. Der Erfolg ging bald weit über die Mauern der Hauptstadt hinaus. Das *Time Magazine* widmete dem französischen Couturier sein Titelblatt. Eine gewaltige Pressekampagne wurde organisiert, deren Schlußpunkt die legendär gewordenen Worte von Carmel Snow, der Chefredakteurin der amerikanischen Zeitschrift *Harper's Bazaar*, bildeten: „It's a revolution, dear Christian, your dresses have such a new look."

„New Look": Die Legende war geboren, und mit ihr das größte Modeimperium, das je gegründet wurde. Denn mit über 40 war der 1905 in Granville geborene Christian Dior kein Anfänger mehr. Der junge Mann hatte sich auf den Wunsch seiner Eltern, reicher Industrieller aus der Normandie, der Politikwissenschaft gewidmet. Aber in ihm loderte bereits ein gewisses schöpferisches Feuer, das er durch den Kontakt zu Pariser Künstlern wie dem Maler Christian Bérard, dem Musiker Henri Sauguet oder dem Schriftsteller Pierre Gaxotte nährte – alle drei sollten weiterhin zu seinen besten Freunden zählen.

1928 eröffnete er eine Kunstgalerie, in der die Werke berühmter Künstler wie Picasso oder Fernand Léger ausgestellt wurden. Als seine Eltern durch den Börsenkrach von 1929 ruiniert wurden, mußte Christian Dior schließen. Einer seiner Freunde brachte ihm dann die Technik der Modezeichnung bei. Bald verkaufte er seine Entwürfe an Zeitungen und an einige große Couturiers. Er wurde 1939 einberufen, nach dem Waffenstillstand stieß er zu seiner Familie im Var, wo er eine Zeitlang als Landwirt tätig war. Dort stöberte ihn Lucien Lelong, einer der berühmtesten Couturiers der Zeit, auf und nahm ihn nach Paris mit, wo er ihn zu seinem ersten Modezeichner machte.

Für Christian Dior begann ein angenehmes und bald erfolgreiches Leben zwischen Arbeit, Freunden und einer gewissen *art de vivre,* in der sich Eßkultur, Kunstverstand und Landpartien vermischten. Um so erstaunlicher, daß dieser Mann, der ein ruhiges und ereignisloses Leben vor sich zu haben schien, als echtes gesellschaftliches Phänomen, von den einen hochgelobt, von den anderen geächtet, wie alle Visionäre, von heute auf morgen auf dem internationalen Parkett stand. In den USA bekam der junge Couturier den Mode-Oskar aus den Händen von Neiman Marcus.
„Der Mann, der die Beine der Frauen versteckt", der die Röcke zwanzig Zentimeter über dem Boden enden ließ, überzeugte schließlich die konservativsten seiner Kollegen, die ihn bald nachahmten. Dior wurde zum Symbol des zurückeroberten Luxus und der wiedergewonnenen Eleganz. Mit ihm wurde Paris wieder zur Metropole der Entstehung der schönsten Kleider.
Bereits nach seiner Ankunft in New York, kurz nach seiner Pariser Modenschau, eröffnete er selbst seine Boutique auf der Fifth Avenue. Dank dieser Übersicht und seiner Voraussicht konnte er in weniger als fünf Jahren ein wahres Imperium aufbauen, dessen Organisation viele andere große Häuser nachahmten.
Dieser Erfolg wäre ohne die Gründung der Société des Parfums Christian Dior, 1947, die von Serge Heftler Louiche, einem Jugendfreund des Modeschöpfers, geleitet wurde, nicht vollständig gewesen. Die Bande zwischen den beiden Männern spiegelten sich in ihrer ersten Kreation wider: „Meine Vorstellungen waren denen von Serge sehr ähnlich", behauptete Christian Dior. „Vier Jahre lang haben wir gearbeitet, haben wir wie Alchimisten nach dem Stein der Weisen gesucht." Das Ergebnis war ein wundervoller Chypre-Duft in völliger Osmose mit dem New Look, der einfach *Miss Dior* genannt wurde. Vom Flakon von *Miss Dior,* der aus Baccarat-Kristall bestand, wurden im Jahr seiner Entstehung nur zweihundert Exemplare vertrieben.
Für Christian Dior sollten die Parfüms den Zeitgeist ausdrücken, die Sehnsüchte und die Mentalität der Zeit widerspiegeln, aber über die Moden erhaben sein und sie überdauern. *Diorama* (1949), *L'Eau fraîche* (1953), *Diorissimo* (1956) und *Diorling* (1963) sollten dieser Leitlinie folgen. 1966 sorgte Dior mit seinem ersten Herren-Duft, *Eau sauvage,* für ein neues Ereignis. Das von Edmond Roudnitska geschaffene Parfüm ist zum Klassiker geworden. Es folgten *Diorella* (1972), *Dioressence* (1979), *Jules* (1980), *Eau sauvage extrême* (1984). 1985 löste die Einführung von *Poison* auf dem Markt erneut einen schöpferischen Schock aus. Dieser für die einen „terroristische", für die anderen unvergeßliche Duft genoß einen riesigen Erfolg und wird eines der stärksten Symbole für die Parfüms der 80er Jahre bleiben. In den letzten Jahren entstanden schließlich das männliche *Fahrenheit* (1988), die weiblichen *Dune* (1991) mit Meeresnoten und *Tendre Poison* (1994), ein etwas leichterer Duft als sein Vorgänger.
Christian Dior starb 1957, erst zehn Jahre, nachdem er durch seinen internationalen Ruhm zur Legende der Haute-Couture geworden war.

Der New Look: Runde Schulter, betonte Taille, unterstrichene Brust, wohlgeformte Hüften – dies sind die Merkmale jenes Stils, dessen genialer Erfinder Christian Dior ist. Zu Lebzeiten verkaufte er über hunderttausend Kleider, die aus tausendfünfhundert Kilometern Stoff geschneidert wurden!

Christian Dior: Dieser aus der Normandie gebürtige Modeschöpfer mit Genießerzügen revolutionierte allein die Mode des 20. Jhs. Der Erfinder des New Look verstand, daß die Frauen im Frankreich der Nachkriegszeit sich nur nach einem sehnten: zu träumen, und nur eins wollten: zur Bequemlichkeit und Eleganz zurückfinden.

Diorissimo: limitierte Auflage des 1956 auf den Markt gebrachten Parfüms. Flakon aus Baccarat-Kristall in Form einer umgedrehten Amphore. Der Verschluß ist mit einem herrlichen Blumenstrauß aus vergoldeter Bronze verziert. Der Teil aus Bronze – von seltener und bemerkenswerter Qualität und Feinheit – wurde von Chrystian Charles entworfen und ausgeführt.

Poison: limitierte Auflage des 1985 auf den Markt gebrachten Parfüms. Dieser Duft ist einer der großartigsten Erfolge in der ganzen Geschichte der Parfümerie weltweit. Er bekam zahlreiche Preise, darunter den Preis für das „größte Parfüm des Jahres" 1985 und den Oskar der New Yorker Fragrance Foundation.

Das erste Parfüm von Christian Dior, *Miss Dior,* wurde zunächst in einem wunderschönen, amphorenförmigen Flakon aus Baccarat-Kristall vorgestellt. Von dieser Auflage wurden im ersten Jahr nur zweihundert Exemplare produziert, wodurch es zu einem von den Sammlern begehrten Objekt wurde. Ihr folgte ein sehr schönes Modell aus zwei Kristallschichten: Durch eine Aussparung in der äußeren farbigen Schicht schien der reine Kristall hindurch. Die Wirkung wurde von goldenen Verzierungen verstärkt. Dieses Flakon wurde in den drei Farben der Trikolore ausgeführt: Blau, Weiß, Rot. 1948 wurde es für *Diorama* erneut verwendet. Alle Düfte wurden in herrlichen klassischen Kästen präsentiert, deren Farben an die graue und weiße Dekoration der Modesalons erinnerten.

Guerlain

Eine Parfümeur-Dynastie

Pierre-François-Pascal Guerlain wurde in Abbeville als Sohn eines gewalttätigen Handwerkers geboren – der junge Mann suchte bald das Weite. So ging er nach England, wo er eine Chemikerausbildung absolvierte, bevor er nach Frankreich zurückkam und sich in Paris niederließ. 1828 eröffnete er in der Rue de Rivoli 42 im Erdgeschoß des heutigen Hôtel Meurice sein Geschäft. Dort verkaufte er Importe aus England, die als Zeichen vornehmsten Geschmacks galten. Bald entwickelte Pierre-François-Pascal Guerlain in einer Werkstatt in der Nähe der Place de l'Etoile seine eigenen Rezepturen. Die Grenzen zwischen Drogisten, Essighersteller, Apotheker, Chemiker und Parfümeur waren damals unscharf, und im Katalog des jungen Hauses Guerlain standen Bärenfett aus Kanada und orientalischer Puder als Nagelpolitur neben Ristori-Perlweiß zum Bleichen der Haut.

Dennoch war die spezifische Tätigkeit des Parfümdestillierers für die Anerkennung der Pariser „Fashion" entscheidend. Pierre-François-Pascal Guerlain kannte die Wünsche seiner Kunden und beherrschte meisterhaft seine Rohstoffe, und er wurde zum Wegbereiter in der Kunst der Parfüm-Personalisierung. So komponierte er für Honoré de Balzac ein nur für diesen bestimmtes Eau de Toilette. Aber die gesellschaftlichen Regeln waren damals noch sehr eng gefaßt, und Originalität in der Kleidung wurde kaum geduldet. Diskretion war das oberste Gebot der Eleganz. Das Taschentuch, der Fächer, das Hemd konnten mit etwas blumigem Eau de Toilette parfümiert werden, aber der Körper sollte aus bürgerlicher Scham nur nach frischer Naivität duften. 1840 zog das Haus Guerlain in die Rue de la Paix 15, ins Viertel der Eleganz, um. Zu seinen Kunden zählten nun die Königin der Belgier und der Prinz von Wales. Aus ganz Europa kam man, um beim chicsten – und teuersten – Parfümeur der Hauptstadt einzukaufen. Der Höhepunkt dieser Eroberung der höheren Sphären, das *Eau de Cologne impériale,* das für Kaiserin Eugénie komponiert wurde, bescherte Pierre-François-Pascal Guerlain den Titel des Lieferanten des Kaisers Napoleon III. Als Guerlain 1864 starb, wurden die Funktionen des Geschäftsführers und des Parfümeurs, die er gleichermaßen ausübte, zwischen seinen beiden Söhnen Gabriel und Aimé aufgeteilt. Letzterer, der ältere, übernahm die Kreation neuer Parfüms. Nach und nach lockerte sich die extreme Zurückhaltung, die eine Frau von Welt im Bereich des Parfüms einzuhalten hatte, wo die kleinste etwas animalische Note sofort als unverzeihliches Vergehen am guten Geschmack abgetan wurde. *Fleur d'Italie,* 1884, *Skiné,* 1885, *Rococo,* 1887, waren Parfüms, in denen der künstlerische Gedankengang durchzuscheinen begann. Aber erst 1889 stürzte Aimé Guerlain mit *Jicky* die Parfümerie ins Zeitalter der Moderne. Weit von der Naturnachahmung entfernt, in der die Aneinanderreihung blumiger Düfte einen Blumenstrauß wiedergab, brachte *Jicky* mit seinen tierischen Zibetnoten und mit der Zugabe von Kumarin, Vanillin, Linalol – Syntheseprodukten – die natürlichen Lavendel- und Bergamottendüfte durcheinander. Die Worte fehlen, um Parfüms zu beschreiben, und so wurde *Jicky* als „neu" bezeichnet. So neu, daß es nur ganz langsam, über zwanzig Jahre nach seiner Einführung, zum Erfolg gelangte.

Nach *Jicky* kreierte Aimé 1890 *Excellence,* 1892 *Belle-France* und 1894 *Cipricime.* Ein Jahr später trat sein Neffe Jacques (dessen Spitzname eben Jicky lautete) seine Nachfolge an und komponierte *Jardin de mon curé.* Die folgenden Jahre bestimmte die rhythmische und regelmäßige Einführung von zwei bis drei neuen Parfüms jährlich. So erweiterte sich der Katalog des Hauses Guerlain unter Jacques' Leitung erheblich. Von nun an kann man von künstlerischer Leitung sprechen. Das Flakon, das Etikett und dessen graphische Gestaltung wurden in Zusammenhang mit dem Parfüm entworfen. 1900 kam *Voilà pourquoi j'aimais Rosine* mit seinem erstaunlichen, mit einem Blumenstrauß aus Seidenbegonien geschmückten Verschluß auf den Markt, 1904 *Champs-Elysées* mit dem schildkrötenförmigen facettierten Baccarat-Flakon. *Après l'ondée,* das man noch immer bei Guerlain findet, wurde 1906 um einen nostalgischen blumigen Akkord aus Veilchen und Weißdorn komponiert. Ein anderes Parfüm hat die Zeit unangefochten überdauert: *L'Heure bleue,* das 1912 kreiert wurde. Bulgarische Rose, Iris, Heliotrop verleihen ihm eine leuchtende Seite, Vanille, Jasmin und Moschus eine verführerische und nächtliche Herznote.

Das Haus Guerlain, das 1914 in die prachtvolle Avenue des Champs-Élysées Nr. 68 eingezogen war, wußte mit demselben Feingefühl den Geist der goldenen Zwanziger einzufangen. Der 1919 um einen mitreißenden fruchtigen Chypre-Akkord komponierte mythische, sinnliche und brave orientalische Duft *Mitsouko* trägt diesen Namen zu Recht, der auf japanisch „Rätsel" bedeutet. *Shalimar* entsprang 1925 derselben orientalischen und sinnlichen Welt, wobei Vanille, Weihrauch und balsamische Noten ihm eine Wärme und eine Ausstrahlung verleihen, die den Willen zur Verführung unmißverständlich zur Schau stellen. 1933 gelang Jacques Guerlain erneut eine außergewöhnliche Komposition: *Vol de nuit,* dessen energische, grüne und holzige Hauptnote von Vanille und Iris gemildert werden. Dies war der Duft der aktiven, sportlichen Frau, die sich wie die berühmte Pionierfliegerin der Zeit, Hélène Boucher, in einer Männerwelt durchzusetzen wußte, ohne an Weiblichkeit einzubüßen. Seit 1956 kreiert Jean-Paul, Jacques' Enkel, die Parfüms des Hauses Guerlain. Seine neueste Schöpfung, *Héritage,* 1992, faßt die Koordinationsrolle, die er spielt, und seine Zwänge und Wünsche zusammen: Einhaltung der Qualitäts- und Geschmackstradition, Treue zu den Innovationsanforderungen – mit der Erinnerung an die Worte von Pierre-François-Pascal: „Stellt gute Produkte her. Macht keine Kompromisse bei der Qualität. Was den Rest betrifft, habt einfache Ideen und wendet sie gewissenhaft an."

Kühnheit und Ausstrahlung mit *Chamade,* 1969, Eleganz und Selbstsicherheit mit *Parure,* 1975, Lebhaftigkeit und Fröhlichkeit mit *Les Jardins de Bagatelle,* 1983, Harmonie und Sinnlichkeit mit *Samsara,* 1989 – die Eigenschaften, die den Namen Guerlain auf die erste Seite des Buches der Parfüm-Geschichte brachten, leben fort.

Jean-Paul Guerlain ist derjenige, der zur Zeit die schöpferische Arbeit dieser großen Parfümeurfamilie fortsetzt.

Oben, von links nach rechts:
A travers champs (1924).
Le Jardin de mon curé (1895), die erste Kreation von Jacques Guerlain.
Elixir.

Unten, von links nach rechts:
Eau aromatique de Montpellier.
Pao Rosa.
Rue de la Paix (1908). Dieser Duft sollte an den Einzug des Hauses in diese berühmte Pariser Straße erinnern.

Oben, von links nach rechts:
Candide Effluve (1924).
Vol de nuit (1933). Dieser Duft wurde zu Ehren von Saint-Exupéry komponiert. Hier im blauen Glasflakon, das auch zur Aufnahme anderer Düfte aus dem Hause Guerlain diente.
Jasmiralda (1917).

Unten, von links nach rechts:
Voilà pourquoi j'aimais Rosine (1900) wurde von Jacques Guerlain anläßlich der Weltausstellung in Paris kreiert. Das vasenförmige Flakon war ursprünglich von einem Strauß aus Seidenbegonien gekrönt.
Eau de Cologne du coq (1894), noch immer vertrieben.
Bouquet de faunes (1922).

Oben, von links nach rechts:
Guerlilas (1930).
Shalimar (1925), der noch immer aktuelle, orientalische, von Jacques Guerlain kreierte Duft.
Jicky (1889), halborientalischer aromatischer Duft von Aimé Guerlain.

Unten, von links nach rechts:
Djedi (1927).
Eau de Cologne impériale (1860), das von Pierre-François-Pascal Guerlain für die Kaiserin Eugénie kreiert wurde.
Après l'ondée (1906).

Oben, von links nach rechts:
Mouchoir de Monsieur (1904).
Mitsouko (1919), fruchtiges Chypre von Jacques Guerlain.
Sous le vent (1933).

Unten, von links nach rechts:
Liu (1929). Dieser Duft wurde kürzlich neu herausgebracht.
L'Heure bleue (1912), halborientalischer blumiger Duft
von Jacques Guerlain, hier in dem nicht mehr verkauften Flakon.
Coque d'or (1937), Baccarat-Flakon.

Jeanne Lanvin

Die Lady der Haute-Couture

Sie lief und lief, die kleine Jenny... Von morgens bis abends lief sie durch die Straßen der Hauptstadt Paris, mit riesengroßen Hutschachteln auf den Schultern. Die Dreizehnjährige lief der Pferdebahn hinterher, die sie nicht nutzte, um das Fahrgeld einzusparen. Denn sie wollte gern einen Louisdor verdienen, und zwar möglichst schnell! Wenn sie mit ihren Lieferungen fertig war, kehrte sie zu ihren Puppen zurück – nicht um zu spielen, wie andere Kinder in ihrem Alter, sondern um sie anzuziehen. Sie erwies sich als außergewöhnlich begabt, um mit kleinen Nadelstichen Modelle auf den winzigen Körpern nachzuahmen, durch die die Modesschöpferinnen ihre Mode in der Provinz und im Ausland vertreiben konnten. 1883 fing Jenny mit sechzehn Jahren in einem Putzmacheratelier an. Bald war sie vom Schneiderlehrling zur Ersten Putzmacherin aufgestiegen. Schon 1885 machte sich die junge Frau mit ihrem ersten Louisdor in der Tasche selbständig. Drei Monate später reichte die kleine Mädchenkammer in der Rue du Marché-Saint-Honoré für ihre Aufträge nicht mehr aus, und sie zog in die Rue Saint-Honoré um. Noch einige Monate später fand man sie in der Rue des Mathurins, und sie leistete sich den Luxus eines Lieferdreirads, mit dem sie ihre Lieferungen selbst durchführen konnte. Vier Jahre später zog sie in die Rue Boissy d'Anglas. Sie galt als begabt und seriös. Als sie eines Tages in Longchamp spazierenging, um dort die gehobene Gesellschaft zu beobachten, aus der ihr Kundenkreis stammte, lernte sie einen jungen Mann, den Grafen Emilio Di Pietro, kennen. Der elegante Gentleman, der sich für Pferderennen und Wetten begeisterte, bemühte sich, die junge Frau zu erobern. Mit Erfolg, aber um einen hohen Preis für diesen Don Juan: die Heirat. Aus dieser Ehe ging diejenige hervor, um die sich Jeannes Leben von nun an organisieren sollte: ihre Tochter Marguerite. Einige Jahre später ließ sich das Ehepaar scheiden, und Jeanne flüchtete in die Arbeit. Sie war nun eine vollkommene und strenge Unternehmensleiterin, die eine schlichte, nüchterne, sich auf das Wesentliche konzentrierende Mode kreiert. Sie konnte der Versuchung nicht widerstehen, ihre kleine Marguerite mit ihren eigenen Kreationen zu kleiden. Die Kundinnen waren von dem Mädchen mit den blonden Locken ganz hingerissen: Sie brauchten denselben Putz für ihre Sprößlinge. Die Kinderabteilung von Lanvin war geboren, und die Kundinnen blieben ihr ein Leben lang treu. Inzwischen war Jeanne in die Geschichte eingegangen, und 1926 konnte ihr Freund

Jeanne Lanvin im Salon ihres stattlichen Pariser Hauses in der Rue Barbet-de-Jouy. Mit der Raumausstattung hatte sie Armand Rateau beauftragt, den Designer, der die Idee zu den berühmten schwarzen Kugeln von Arpège hatte.
An der Wand erkennt man zwei der sehr schönen Gemälde Renoirs, die im Besitz der Modeschöpferin und großen Kunstliebhaberin waren.

Sacha Guitry ihr sogar den Orden der Ehrenlegion überreichen. Denn „Madame“, wie auf ihrem Büroschild stand, besaß außer ihrer Begabung als Stylistin ein gewisses Interesse für die Kunst. Sie sammelte Gemälde: Renoir, Vuillard, Fantin-Latour. 1907 heiratete sie Xavier Melet, einen Journalisten, der französischer Konsul in Manchester werden sollte. Mit ihm reiste sie von nun an um die ganze Welt, berauschte sich an Museumsbesichtigungen; von ihren Reisen brachte sie prächtige Stoffe mit, die sie in ihrer sogenannten Stoffbibliothek aufbewahrte. Während einer ihrer Reisen nach Italien erstarrte sie vor Bewunderung vor dem Blau eines Gemäldes von Fra Angelico, jenem etwas lilaartigen Blau, das das Lanvin-Blau werden sollte. Marguerite war inzwischen erwachsen, und ihre Leidenschaft galt Musik und Gesang. Marie-Blanche, Gräfin von Polignac, wie sie nach ihrer Heirat mit dem Grafen gleichen Namens hieß, behauptete sich als Persönlichkeit in der Welt der Kunst. Bereits 1925 hatte Jeanne Lanvin mit der Kreation von Parfüms begonnen. Innerhalb von zwei Jahren entstanden vierzehn Düfte, darunter der diskrete *Irisé,* mit einer Spur Veilchen und Iris, *Kara-Djenoun,* zur Erinnerung an eine ägyptische Reise, *Géranium d'Espagne, Où fleurit l'oranger, Chypre* und „Meine Sünde“, *My sin.* Aber die große Dame der Haute-Couture war noch nicht zufrieden. Sie sicherte sich die Dienste eines jungen und begabten Parfümeurs, André Fraysse. Ohne Umschweife verlangte sie von ihm „ein außergewöhnliches und unsterbliches Meisterwerk“, und die einzige Forderung lautete: „Denken Sie an Marie-Blanche!“ Das Meisterwerk entstand 1927 – eine harmonische Mischung aus bulgarischer Rose und Jasmin aus Grasse, zu denen sich subtil Pfeifenstrauch, Maiglöckchen und Geißblatt vermengen. Wie sollte nun diese wunderschöne Komposition aus über sechzig blumigen Noten heißen? Als Marie-Blanche einen Duftstreifen an die Nase führte, sagte sie nur ein Wort: *Arpège.* Dieser Duft brauchte ein außergewöhnliches Flakon, das mit allem brach, was es zur Zeit gab. Jeanne beauftragte Armand Rateau, dem sie die Ausstattung ihres stattlichen Pariser Hauses anvertraut hatte. Der Künstler entwarf die berühmte schwarze Kugel, die der Zeichner Paul Iribe mit gediegenem Gold bemalte. Erneut war Marie-Blanche Ursprung dieses Bildes, das noch immer das Wahrzeichen des Hauses ist: Mutter und Tochter in Abendgarderobe, Jeanne beugt sich zu Marie-Blanche und streckt ihr ihre Arme entgegen. Später wurden die berühmten schwarzen Kugeln als perfektes Symbol der Art déco für andere Düfte des Hauses verwendet. 1928 brachte die Société des parfums Lanvin *L'Âme perdue* und *Pétales froissés* auf den Markt. Es folgten *Scandal, Eau de Lanvin, Eau de Cologne, Rumeur* und schließlich *Prétexte.* Jeanne Lanvin starb 1946.

„Ich spreche weder von Budget noch von Mode. Ich spreche von Perfektion.“: Jeanne Lanvins Auftrag an den Parfümeur André Fraysse zur Entwicklung von *Arpège.*

Mit einem edel-schlichten und harmonischen Stil, der die weibliche Anmut unterstreicht, hat Jeanne Lanvin die Geschichte der Mode im 20. Jahrhundert geprägt. Die Modeschöpferin haßte die billig wirkenden und manierierten Effekte und mied alle Details, durch die man ein Kleid hätte datieren können. Es bleibt eine zeitlose Kleidung mit abgetönten Farben, die durch ihre sozusagen schlichte Offensichtlichkeit besticht.

Zwei berühmte Künstler, Armand Rateau, Jeanne Lanvins Lieblingsausstatter, und Paul Iribe, Zeichner der Figur, die heute noch das Wahrzeichen des Hauses ist, schufen 1927 die berühmten Kugeln.
Diese von den Sammlern sehr begehrten Flakons gibt es in verschiedenen Größen und Farben: die schwarze Kugel, die goldene Kugel, die Kristallkugel und die sehr seltenen, in limitierten und numerierten Auflagen in den Farben Blau, Türkis und Amarantrot von der Manufacture nationale de Sèvres produzierten Porzellankugeln. Sie wurden auf Bestellung hergestellt und konnten auf Wunsch die Extrakte der ersten Parfüms von Jeanne Lanvin enthalten: *Lajea, La Dogaresse, My sin, Chypre, Comme ci comme ça, J'en raffole,* und später das berühmteste: *Arpège.*

Lanvin Parfum

Sublime, die neueste Damen-Kreation des Hauses Patou. Getreu seiner Know-how-Tradition hat das große Pariser Haus zur Komponierung dieses blumigen halbambrierten Duftes die kostbarsten Rohstoffe verwendet: Rose und Jasmin aus Grasse, Maiglöckchen in Verbindung mit Orangenblüten, Vetiver, Sandel und Eichenmoos.

Im Erdgeschoß seines stattlichen Pariser Hauses in der Rue Saint-Florentin hatte Jean Patou eine Bar im kubistischen Stil einrichten lassen, hinter der ein Verkäufer stand. Die Kunden konnten dort an zahlreichen Essenzen riechen und sich wie bei einem Cocktail Parfüms mixen lassen. Diese Bar war von den Architekten Louis Süe und André Mare entworfen worden, die auch die gesamte Dekoration des Hauses gestaltet hatten, in dem sich der Firmensitz von Patou befand.
Unten: Das Modell dieser Bar mit verschiedenen Pröbchen.

Jean Patou

Der Geist der Mode

Als er 1915 mit dem Elitekorps der Zuaven an die Front in den Dardanellen geschickt wurde, an der die mitunter heftigsten Kämpfe stattfanden, lernte Jean Patou Entbehrung, Angst und den Schrecken der Angriffe kennen. Der gutaussehende, aus einer wohlhabenden Lohgerberfamilie stammende junge Mann begriff bald, daß diese Erlebnisse und Erfahrungen ihn für den Rest seines Lebens prägen würden. Als er nach Paris zurückkehrte, nahm er seine vor dem Krieg begonnene Tätigkeit als Modeschöpfer wieder auf, aber aus dem unbeständigen und etwas oberflächlichen jungen Mann war ein entschlossener Unternehmer geworden, der eine ganz genaue Vorstellung von der schlichten Mode hatte, die er kreieren wollte, und angesichts des Spieles und des Wagnisses eine gewisse Erregung genoß. Jean Patou wußte, daß er viele seiner ehemaligen Kundinnen verloren hatte. Einige hatten ihn für Coco Chanel verlassen, deren Mode eine ungeheure Begeisterung auslöste. Der junge Modeschöpfer begriff sehr schnell, wie wichtig es für ihn war, seinen Standort klar darzustellen: Chanel überließ er die traditionelle, aber Modernität wohlwollend aufnehmende Kundschaft der Intellektuellen und Künstler, während er die High-Society für sich beanspruchte. Er verstand sehr gut, was diese sich mitten im Wandel befindende Gesellschaft erwartete, die ihre Zeit zwischen den chicsten Orten des Erdballs – Paris, New York, der Côte d'Azur mit ihren Luxushotels, Wintersportorten usw. – verbrachte. Mit einem Team von außergewöhnlichen Mitarbeitern öffnete er dem Geist der 20er Jahre die Tore der Mode und wurde zum Symbol der unbeschwerten Generation der Zwischenkriegszeit.

Als Erfinder des Twin-sets und Anreger der weiblichen sportlichen Mode sowie unter anderem der berühmten blau-weiß gestreiften Sweater, die man mit Faltenrock trug, feierte er große Triumphe in den Vereinigten Staaten. Als erster Modeschöpfer entwarf er zu seinen Modellen passende Accessoires, Handtaschen oder Hüte, die er als „nichts" bezeichnete, und verwendete sein Monogramm als stilistisches Element. Später – und dies ist ein wichtiges Ereignis in der Geschichte der Pariser Haute-Couture – wagte er es sogar, amerikanische Mannequins auf den Laufsteg zu schicken, deren Körperbau sich stark von dem der Französinnen unterschied. Als die berühmte Tennisspielerin Suzanne Lenglen 1921 in Wimbledon den Platz mit einem Faltenrock aus weißer Seide, der nur bis zum Knie reichte, einer ärmellosen weißen Strickjacke und einem orangefarbenen Stirnband betrat, erregte sie großes Aufsehen. Dieses Image einer athletischen, dennoch koketten Frau sollte Jean Patou dienen, der in ihr eine ganz besondere Botschafterin seiner Mode gefunden hatte. Seine Leidenschaft für Frauen war bekannt. Auch wenn er nie heiratete, sagte man ihm zahlreiche Affären nach. Kein Wunder also, wenn die ersten Parfüms, die er 1925 auf den Markt brachte, durch ihre Namen an die Etappen der Liebe erinnerten: *Amour-amour, Que sais-je?* und *Adieu sagesse.* Diese drei Düfte waren

Kompositionen mit blumig-fruchtigen Noten, die Patou für die seiner Meinung nach drei Hauptfrauentypen kreiert hatte: *Amour-amour,* ein betörender Duft für sinnliche Dunkelhaarige, der leichtere *Que sais-je?* für Blondinen, während *Adieu sagesse* mit seinen deutlich würzigen Akzenten ausschließlich Rothaarigen vorbehalten war. Vier Jahre später führte er mit *Le sien,* dem ersten Duft für beide Geschlechter, eine Neuerung ein. Der Modeschöpfer hatte nach „einem frischen, tonischen Duft mit männlicher Hauptnote gesucht, der für Männer vollkommen geeignet wäre, aber auch für entschiedene moderne Frauen, die Golf spielen, rauchen und mit 120 Stundenkilometern fahren". *Moment suprême* entstand im selben Jahr, in dem die New Yorker Börse zusammenbrach. Alle Flakons mit dem ananasförmigen Verschluß wurden von Louis Süe und André Mare entworfen, Innenarchitekten, die Patou mit der Raumausstattung des stattlichen Hauses in der Rue Saint-Florentin beauftragt hatte. Aber das große Haus brauchte noch im Bereich des Parfüms eine „Galionsfigur" wie das *N° 5,* das Chanel kurz zuvor kreiert hatte. Anfang 1930 fuhr Jean Patou mit seiner Freundin und Beraterin Elsa Maxwell nach Grasse. Der Modeschöpfer wollte einen außergewöhnlichen, prachtvollen Duft, der auf dem Markt sofort Erfolg haben würde. Dies war keine einfache Angelegenheit, wie Elsa Maxwell in ihren Memoiren berichtet: „Wir hatten alles ausprobiert... Alles, was Almeras, der bei Patou angestellte Parfümeur, uns vorzustellen hatte, aber nichts gefiel uns. Unser Mann, der uns nichts mehr zu bieten hatte, war verzweifelt und kurz davor, aufzugeben, als er uns einen aus den kostbarsten Rosen- und Jasminessenzen komponierten Duft zeigte". Henri Almeras fügte sofort hinzu, daß der Selbstkostenpreis dieser Komposition viel zu hoch sei, als daß sie vertrieben werden könnte. Er hatte die Rechnung ohne den Mut von Jean Patou gemacht, der sofort von der Vorstellung begeistert war, hier die edelsten Produkte, so wie in der Haute-Couture die schönsten Stoffe, zu verwenden. Und Elsa Maxwell, deren starke Persönlichkeit die Pariser Prominenz beeindruckte, ist der Werbeslogan zu verdanken: „*Joy,* das teuerste Parfüm der Welt".

1933 brachte Jean Patou *Divine Folie* auf den Markt, 1935 *Normandie,* das bei der ersten Kreuzfahrt des berühmten gleichnamigen Schiffes jedem Passagier geschenkt wurde. Der Erfolg ermutigte ihn, auf diesem symbolischen Weg fortzuschreiten, und anläßlich der Einführung des bezahlten Urlaubs in Frankreich kreierte er *Vacances.* Dies war sein letzter Duft – er starb 1936. Raymond Barbas, sein Schwager, übernahm die Leitung des sich damals im Niedergang befindenden Hauses und kreierte weitere Parfüms in der gleichen Art: *Colony* 1938, als Europa kurz vor dem Krieg davon träumte, nach Amerika zu fliehen, *L'Heure attendue* 1946 zur Feier der Befreiung Frankreichs und *Câline* 1964.

Es folgten *1000* (1972), ein Duft, der wie *Joy* aus kostbarsten Essenzen komponiert wurde, *Eau de Patou* (1976), *Patou pour homme* (1980) und *Sublime* (1992). All diese Kreationen sind Jean Kerléo, seit 1967 Parfümeur des Hauses, zu verdanken, der selbst in seinem dem Werk Patou in der Nähe von Paris eingegliederten Labor die Düfte kreiert.

„Eine modisch anspruchsvolle Frau soll jede Extravaganz verbannen – sowohl bei der Wahl ihres Parfüms als auch bei der eines Kleides. Sie muß sich mit derselben Diskretion, demselben Geschmack und derselben Eleganz zu parfümieren wissen, die sie auch bei ihrer Kleidung aufwendet." So sprach der 1936 verstorbene Jean Patou zu seinen Kundinnen.

Seit 1980 wird das Haus Jean Patou von Jean de Moüy, dem Urgroßneffen des Modeschöpfers, geleitet.

Oben, von links nach rechts:
Adieu sagesse (1925), einer der ersten Düfte von Jean Patou.
L'heure attendue (1946) wurde zur Feier der Befreiung Frankreichs kreiert. 350 Exemplare des Flakons wurden 1991 neu aufgelegt.
1000 (1972), limitierte Auflage eines von Juwelieren verzierten Flakons.

Unten, von links nach rechts:
Amour-amour (1925), der erste Duft von Jean Patou.
Vacances (1936), das anläßlich der Einführung des bezahlten Urlaubs in Frankreich auf den Markt gebracht wurde.

Oben, von links nach rechts:
Joy (1930), Baccarat-Flakon von 1975. Dieser Duft wird immer noch verkauft.
Normandie (1935). Dieses Parfüm wurde anläßlich der ersten Fahrt des gleichnamigen Passagierschiffes kreiert. 1000 Exemplare des Flakons wurden 1989 neu aufgelegt.
Le Sien (1929), der erste Duft für beide Geschlechter.

Unten, von links nach rechts:
Moment suprême (1929).
Colony (1938). 1000 Exemplare des ursprünglichen „Ananas"-Flakons wurden 1994 neu aufgelegt.

Oben: Durch ihre Mode und ihr Parfüm bleibt Nina Ricci heute weiterhin ein Kleinod der französischen Haute-Couture. Ihr neuester Duft, *Deci Delà,* entstand 1994 und erfährt einen großen Erfolg.
Unten: Das Produktionszentrum der Parfüms Nina Ricci in Ury. Robert Ricci hat großen Wert auf die Qualität der Umgebung gelegt, in der seine Mitarbeiter arbeiten sollen.

Nina Ricci :
Die zeitlose Romantik

Als Marie Adélaïde Nielli als Kind in der Nähe von Turin für ihre Angehörigen erstaunliche Hüte mit winzigen Accessoires zauberte, wußte sie noch nicht, daß sie eine der wichtigsten Persönlichkeiten der Mode des 20. Jahrhunderts werden sollte. Aber wie selbstverständlich wendete sie sich der Schneiderei zu und arbeitete zunächst als Aushilfe, dann als Schneiderin und Näherin.
Mit achtzehn wurde sie Erste Schneiderin ihres Ateliers und heiratete den Florentiner Louis Ricci. Sie zog nach Monte Carlo, dann nach Paris, wo sie Modezeichnerin wurde. 1905 bekam sie einen Sohn, Robert, und entwarf ihre eigenen Modelle für große Marken.
1932 – mittlerweise hatte sie sich international einen Namen gemacht – beschloß sie, ihr eigenes Haute-Couture-Haus zu eröffnen. Dieses sollte „Nina Ricci“ heißen, und ihr Sohn soll es leiten. Von nun an waren die Pariser Salons der Rue des Capucines 20, in der sich die Modeschöpferin niedergelassen hatte, ständig voll. Die weibliche Kundschaft schätzte den diskreten Charme und die Vornehmheit der Modelle von Madame Ricci. Mehr Architektin als Zeichnerin, paßte die Modeschöpferin ihre Modelle der Persönlichkeit jeder ihrer Kundinnen an. Ihre Mode zählt dank ihrer perfekten Kenntnis der Nähkunst und einer hervorragenden Beherrschung der Zuschneiderei – die sie selber durchführte, indem sie den Stoff direkt auf den Schneiderpuppen drapierte – zu den originellsten und erfrischendsten Kleidern der Vorkriegszeit.
Kurz vor Ausbruch des Zweiten Weltkriegs belegte die Firma Nina Ricci zwei Häuser und elf Etagen in der Rue des Capucines. Auf den Rat ihres Sohnes beschloß Madame Ricci 1950, junge Modeschöpfer um sich zu versammeln. So stieß Jules-François Crahay zu dem Team und erlangte bald sehr große Erfolge. 1964 trat Gérard Pipart seine Nachfolge an, der noch immer das Haute-Couture-Studio leitet und den 22. von den Fachleuten verliehenen Goldenen Fingerhut erhielt.
Aber bereits 1946 hatte Robert Ricci, der darauf bedacht war, die Tätigkeitsbereiche des Hauses vielseitiger zu gestalten, aber auch dessen Sensibilität wiederzugeben, ihm eine neue Dimension verliehen, indem er ein Parfüm kreiert hatte. Natürliche Eleganz, Qualität und Verehrung der Frau waren die Triebkräfte seiner Inspiration. Von Parfümeuren umgeben, entwickelte er einen blumigen aldehydigen Duft, den er *Cœur Joie* nannte. Mit der Kreation des Flakons beauftragte er seinen Jugendfreund Marc Lalique. Der Erfolg kam sofort und wiederholte sich zwei Jahre später mit der Einführung eines zweiten Parfüms, *L'Air du Temps,* das zu einem Klassiker der Parfümerie geworden ist. Sein Flakon, das ebenfalls von Marc Lalique entworfen wurden, ist weltweit bekannt: Zwei Tauben auf dem Verschluß symbolisieren gleichermaßen Frieden und ewige Jugend, die Blumen wurden vom Maler Christian Bérard

gezeichnet. Man schätzt, daß heute in jeder Sekunde ein Flakon *L'Air du Temps* auf der Welt verkauft wird.

Für Robert Ricci sollte das Parfüm die Frau sublimieren. „Man muß der Frau dienen und nicht sich ihrer bedienen", wiederholte er gern. Sein Leben lang behauptete er sich – durch die Qualität seiner Parfüms natürlich, aber auch durch die Ästhetik der Flakons und deren Verpackungen sowie durch den künstlerischen Charakter der Werbung um sie – als leidenschaftlicher Verfechter der Kreation. So sollte Christian Bérard das Flakon von Cœur Joie entwerfen, und Andy Warhol und David Hamilton sollten zum Image des Unternehmens weltweit beitragen.

Als Parfümeur nahm Robert Ricci an der Kreation aller Parfüms teil, er entschied selbst über die Düfte – ohne die Unterstützung der den Marketingabteilungen großer Firmen so teuren Testreihen. Trotzdem hat dieses große Haus seinen Namen in der Geschichte der Parfümerie hinterlassen.

Die Zusammenarbeit mit Lalique hörte nie auf. Heute gibt es sieben Luxusflakons des berühmten Kristallherstellers: *Cœur Joie* (1946), *L'Air du Temps* (1951), *Fille d'Eve* (1952), *Capricci* (1961), *Farouche* (1974), *Fleur de fleurs* (1982) und *Nina* (1987). Diese von den Sammlern heißbegehrten Flakons werden in Wingen-sur-Moder, im Nordelsaß, hergestellt, wo die Kristallhütte seit 1920 ansässig ist. Jedes nach traditionellen Techniken angefertigte Stück wird bei der Endbearbeitung rund fünfzehn Vorgängen unterzogen, die alle manuell von den Kristallhandwerkern durchgeführt werden: Polieren, Schleifen, Sandsatinieren zum Erzielen besonderer Durchsichtigkeitseffekte, Schleifen der Stöpsel.

Das Parfüm selbst wird seit 1973 in Ury, südlich von Paris, in einem Produktionszentrum, das traditionelle Kenntnisse und Spitzentechnologie vereinigt, hergestellt und verpackt. Auch hier hatte Robert Ricci großen Wert auf die Umgebung gelegt, in der seine Angestellten sich bewegen würden, sowie auf ihre Arbeitsbedingungen. Er hat die Bäume und Blumen ausgesucht, die den großen Garten um das Werk schmücken, und mit den Architekten zur Gestaltung moderner und heller Werkstätten beigetragen. Hunderttausend Flakons werden dort täglich verpackt und über fünfundzwanzigtausend Artikel jährlich von dort versandt.

Obgleich Madame Ricci und ihr Sohn verstorben sind, bleibt Nina Ricci ein unabhängiges Familienunternehmen (es wird von Gilles Fuchs, dem Schwiegersohn von Robert Ricci, geleitet), das seine Tätigkeit auf der ganzen Welt erweitert: Haute-Couture, Damen- und Herrenkonfektion, Modeaccessoires, Kosmetik und, selbstverständlich, Parfüm.

Nina Ricci zählt heutzutage acht Damen- und zwei Herren-Düfte. Kurz vor seinem Tod am 8. August 1988 im Alter von 83 Jahren hatte Robert Ricci seiner Mutter eine großartige Ehre erwiesen und einen sehr schönen blumigen Duft kreiert, den er wie selbstverständlich *Nina* nannte.

Das jüngste Kind der Familie heißt *Deci Delà;* und sein Flakon, das den Künstlern Garouste und Bonetti zu verdanken ist, knüpft an den zugleich spielerischen und romantischen Charakter des Hauses Ricci wieder an.

Oben: Madame Nina Ricci, gemalt von Cireuse, 1932.

Unten: Robert Ricci verdankt man die Kreation der Parfüms Nina Ricci. Dieser Mann kämpfte für den Fortbestand der künstlerischen Tradition der französischen Parfümerie.

Oben, von links nach rechts:
L'Air du temps: Dieser große Klassiker der Parfümerie entstand 1948. Das von den beiden Friedenstauben verewigte Flakon von Lalique stammt aus dem Jahr 1951. Es symbolisiert Frieden und ewige Jugend.
Capricci: Dieser Duft wurde 1961 auf den Markt gebracht. Das wie ein Diamant geschliffene Kristallflakon ist eine Kreation von Lalique.
Farouche (1974). Getreu der Tradition entwarf Marc Lalique dieses wunderschöne herzförmige Flakon, dessen Mittelstück von zwei Voluten aus massivem Kristall eingefaßt wird.

Unten, von links nach rechts:
Cœur Joie: Dies ist der erste, 1946 vom Hause Ricci kreierte Duft. Das herzförmige Flakon ist von Lalique, und dem Maler Christian Bérard verdanken wir die Zeichnung der Blüten und Blätter.
Nina: 1987 gab Robert Ricci seiner letzten Kreation diesen Namen zu Ehren seiner 1970 verstorbenen Mutter. Dieses Flakon gehört zu einer limitierten Serie.
Fleur de fleurs: Der 1980 auf den Markt gebrachte Duft als Eau de Toilette. Das Flakon wurde von Marie-Claude Lalique entworfen, die die Nachfolge ihres Vaters angetreten hat.

Oben, von links nach rechts:
Fille d'Eve: Ein Liebesapfel von Lalique für den 1952 kreierten Duft.
Capricci: Während der Duft noch immer vertrieben wird, ist dieses Flakon von Lalique dagegen nicht mehr erhältlich.
L'Air du temps: Zwei Raritäten, die Exemplare der ersten Flakons von Lalique (vor der Friedenstaube), die es heute nicht mehr gibt.

Unten, von links nach rechts:
Deci Delà: Die neueste Kreation des Hauses mit dem originellen Flakon der Künstler Garouste und Bonetti. Das Flakon gibt es in drei Versionen: Extrakt (kirschfarben), Eau de Toilette-Konzentrat (mandarinenfarben), Eau de Toilette (himbeerfarben).
L'Air du temps: Drei Flakons von Lalique. Die smaragd- und meeresblaufarbenen Verschlüsse mit den beiden Friedenstauben gehören zu den erhältlichen limitierten Serien „Colombes couleurs", während das mittlere Flakon mit nur einer durchsichtigen Friedenstaube, die erste von Lalique entworfene Version, heute nicht mehr verkauft wird.

Eau de Rochas, das Symbol der in den 70er Jahren beliebten frischen Düfte, besticht weiterhin durch seine Kombination aus Eisenkraut und Limette.

Tocade, der neueste Duft aus dem Hause Rochas, verbindet auf harmonische Weise Rose, Vanille und Ambra.

Rochas :
Und die Guepiere befreite die Frau.

„Geleitet wurde ich von der Zeit, in der ich lebe." Diese Worte von Marcel Rochas, der 1902 geboren wurde, spiegeln wider, was seine Mode war. 1920 eröffnete er gemeinsam mit einem Mannequin von Paul Poiret sein Modehaus.

Wie seine Zeitgenossen Coco Chanel und Jean Patou brachte er bald die Regeln der Eleganz durcheinander. So lernten die Frauen bereits 1925 eine fließende und freche Mode kennen, die Anmut und Geschmeidigkeit der Gestik vereinigt. Marcel Rochas machte ihnen schmale Hüften, eine schlanke Taille, wohlgeformte Schultern. Mit ihm wurde Wolle zu Seide, Spitze zu Sinnlichkeit, und Krepp gab Anlaß zur Bildhauerei. Aus einer Schulter entsprang ein Flügel, wie bei jenem berühmten Abendkleid aus schwarz-weißem Pikee, das er 1931 anfertigte. In diesem hektischen Jahrzehnt, in dem der Charleston, die verrückten Abendgesellschaften in Montmartre, Picasso und Strawinski sich durchsetzen, schien nichts den jungen Modeschöpfer aufhalten zu können.

1932 zog er in die Avenue Matignon Nr. 12, mitten in das Viertel, das heute noch in Paris das Viertel des Luxus und der Mode ist. *Avenue Matignon* war auch der Name des ersten Duftes von Rochas, der 1936 mit *Air jeune* und *Audace* auf den Markt kam. „Man muß eine Frau riechen, bevor man sie überhaupt gesehen hat", pflegte der Modeschöpfer zu wiederholen. Seine Kreativität war enorm: tailliertes Kostüm, Lammfelljacke, graphische Druckmuster und vor allem das berühmte Zigeunerkleid, das in den Vereinigten Staaten meist vervielfältigte Kleid.

Eben in den USA erlangte Marcel Rochas seinen Ruf und wurde zum Schwarm der Kinostars. Der Modeschöpfer ließ sich in Hollywood nieder, das er zu seiner zweiten Heimat erwählte. Dort kleidete er die Film-Diven: Loretta Young, Joan Crawford, Katharine Hepburn, Jean Harlow, Carole Lombard, Marlene Dietrich. Aber seine Favoritin war die blonde Mae West, die ihn zweifellos am meisten inspirierte. Für sie erfand er die aufregendste Unterwäsche: das Mieder aus schwarzer Chantilly-Spitze, die Guêpière.

1943 schlug der Parfümeur Edmond Roudnitska Marcel Rochas eine sehr schöne fruchtige Chypre-Komposition vor, die Pfirsich und Pflaume mit weißen Blüten auf einer Basis aus Moschus, Ambra und Sandel verband. Überzeugt brachte der Modeschöpfer den Duft 1944 per Subskription auf den Markt – denn aufgrund der kriegsbedingten Mängel waren die verfügbaren Mengen sehr beschränkt. In diesem Jahr auch heiratete Marcel Rochas Hélène, eine wunderschöne junge Frau, die eine große Rolle im Hause Rochas spielen sollte. Ihr widmet er *Femme,* dessen amphorenförmiges, aus einem Kristall von Lalique geschliffenes Flakon nur in einem kleinen Kreis von Auserwählten vertrieben wurde. Die breite Öffentlichkeit mußte ein Jahr warten, bevor das Parfüm auf dem Markt erhältlich war. Bei seiner Einführung wurde eine Cocktailparty gegeben, bei der

Paul Poiret als erster Modeschöpfer, der einen Duft kreierte, auf besondere Weise geehrt wurde. 1946 komponierte Edmond Roudnitska erneut zwei Düfte: *Chiffon* und *Poupée*. Er blieb weiterhin Kreateur der Parfüms von Rochas mit *Mousseline* (1947), *L'Eau de verveine* (1948), *La Rose* (1949) – dem Lieblingsduft von Marcel Rochas – und vor allem dem berühmten *Moustache* (1949). Zum ersten Mal in der Geschichte der Herren-Parfümerie wurde ein Duft von einer Pflegeserie begleitet, und ein Herren-Extrakt wurde kreiert.

1952 florierte die Société des parfums Marcel Rochas in Asnières, einem Vorort von Paris. Ihre fünfundfünfzig Mitarbeiter versandten 497 Artikel in die ganze Welt. Der Erfolg war so groß, daß Marcel Rochas seine Tätigkeit als Modeschöpfer aufgab. Das Haus schloß 1953. Leider hatte er kaum Zeit, diese neue Situation zu genießen, denn er starb frühzeitig zwei Jahre später. Hélène Rochas trat seine Nachfolge an und brachte 1960 *Madame Rochas* auf den Markt. Dieser Duft, dessen Name allein eine Unterschrift ist, wurde von Guy Robert nach dem Muster der blumigen aldehydigen Parfüms kreiert. Es ist ein subtiler Cocktail aus Blumen, in dem man Jasmin, Narzisse und Tuberose erkennt. Hélène Rochas liebte leidenschaftlich weiße Blüten, sie wurden in allen Kompositionen verwendet, die sie in Auftrag gab. Das Flakon von Madame Rochas war die Nachbildung einer Janusette aus Baccaratkristall aus dem 18. Jahrhundert, die Hélène im Schaufenster eines Pariser Antiquitätenhändlers entdeckt hatte. Seine klassische Form und die Kanevasstickereiverkleidung der Dose bildeten eine erfolgreich bestandene Herausforderung für den Kunststoff der 60er Jahre. Seine Einführung war Anlaß einer sehr schönen Ausstellung im Palais Galliera mit dem Thema „Frauenporträts". Die Pariser Prominenz drängte sich bei der Vernissage, um die Werke von Picasso, Monet, Matisse oder Fragonard zu bewundern. *Madame Rochas* erlangte sehr bald internationalen Erfolg. Hélène Rochas, inzwischen Vorstandsvorsitzende des Unternehmens, wurde 1965 zu einer der zwölf elegantesten Frauen der Welt gewählt und erhielt den Titel „Perfume Queen". 1969 kreierte Guy Robert *Monsieur Rochas*. Im selben Jahr wurde auch das Produktionszentrum von Poissy, ein großer, moderner Komplex von neuntausend Quadratmetern mit dreihundertfünfundzwanzig Beschäftigten, feierlich eröffnet. 1970 kreierte Nicolas Mamounas *Eau de roche,* das *Eau de Rochas* werden sollte, ein weibliches, erfrischendes Wasser mit Limonen- und Eisenkraut. Er kreierte auch *Mystère de Rochas* (1978), das männliche *Macassar* (1980), die weiblichen *Lumière* (1984) und *Byzance* (1987). Es folgten das männliche *Globe* (1990), *Eau de Rochas pour homme* (1993). *Tocade,* der neueste (1994), ist ein naschhafter Duft auf Rosen-, Vanille- und Ambrabasis. *Femme* und *Madame Rochas* ihrerseits sind neu entwickelt worden – getreu der olfaktorischen Kostbarkeit der früheren Düfte, aber der Struktur eines modernen Parfüms angepaßt. Rochas wurde 1987 vom deutschen Wella-Konzern aufgekauft und schlug somit ein neues Kapitel in seiner Geschichte auf.

Marcel Rochas und Mae West auf dem Höhepunkt ihrer Hollywood-Karriere. Die Legende weiß, daß die Form des Flakons von *Femme* den Kurven der Schauspielerin nachempfunden wurde.

Oben, von links nach rechts:
Femme (1944): Dieses Flakon aus Lalique-Kristall erhielt die elegante Prominenz von damals, die auf die Markteinführung des Parfüms am Ende des Krieges subskribiert hatte.
Femme: „Sinnliche Edition“, limitierte Auflage des aktuellen Flakons.
Lumière (1984): Sehr schöner blumiger Duft mit Geißblatt, Jasmin, Akazie, Gardenie, Orangenblüten, zu denen ein Hauch grauer Ambra und Koriander kommen. Das Flakon ist erhältlich.

Unten, von links nach rechts:
Mystère de Rochas (1978): Chypre-Duft mit Bergamotte, Geißblatt, Jasmin, Rose, Narzisse, Gardenie, Magnolie, Ylang-Ylang, Edelhölzern und Moos. Dieses Sprühflakon ist nicht mehr erhältlich.
Avenue Matignon: Der erste Duft von Rochas. Der Name ist die Adresse des ersten von Marcel Rochas 1920 gegründeten Modehauses. Die Form dieses Flakons erinnert an die eines anderen, sehr berühmten Flakons.
Audace (1971): Ein Duft mit diesem Namen wurde erstmals 1936 kreiert. Diese Komposition, die sich von der vorigen in jeder Hinsicht unterscheidet, wurde 1978 vom Markt genommen.

Oben, von links nach rechts:
Tocade (1994): Der neueste Duft der Parfums Rochas. Flakon vom Designer Serge Manseau, der sich von der Kunst der venezianischen Glasmacher inspirieren ließ. Die Farbe des Halses und des (lustigen!) Hütchens variiert je nach der enthaltenen Menge (30, 50, 100 ml).
La Rose (1949): Das von Edmond Roudnitska kreierte Parfüm war der Lieblingsduft von Marcel Rochas. Seine Markteinführung gab Anlaß zu einer Cocktailparty, auf der alles rosa war: Champagner, Kuchen, Buffet. Dieser Duft existiert nicht mehr.
Byzance (1987): Das Flakon wurde in limitierter Auflage verkauft. Sein Schöpfer, Mamounas, bezeichnet es als neobarock. Es gehört der aldehydigen Duftfamilie an.

Unten, von links nach rechts:
Mouche (1948): Dieses Winterparfüm, das auf Pelz getragen werden sollte, bestand aus Moschus, Opoponax und Ambra. Die Form des Flakons ist die traditionelle Form der Parfüms von Rochas (wie *Femme* und La *Rose*).
Madame Rochas: Der erste Duft, der auf Anregung von Hélène Rochas nach dem Tod ihres Mannes auf den Markt gebracht wurde. Duftfamilie Blumig (blumig aldehydig). Das Flakon ist erhältlich.
Moustache (1949): Männliches Eau de Toilette von Edmond Roudnitska. Dies war der erste Duft einer kompletten Serie (After Shave, Badeserie), für den ein männlicher Extrakt kreiert wurde. Nicht erhältlich.

Oben, von links nach rechts:
First von Van Cleef & Arpels (Eau de Toilette) (1976).
Miss Arpels (1994).
Santos von Cartier (1981).

Unten, von links nach rechts:
Panthère von Cartier (1987).
Jaïpur von Boucheron (1994).
Must II von Cartier (1993).

In unserem Jahrhundert hat das Parfüm endgültig Einzug in die Welt des Luxus gehalten. Die Juweliere konnten der Versuchung nicht widerstehen, die faszinierende Welt der Metalle und Edelsteine in ein Flakon zu bannen.

Oben, von links nach rechts:
Pasha von Cartier (1992).
Eau parfumée, Cologne au thé vert von Bulgari (1993).
Bulgari (1994).

Unten, von links nach rechts:
First von Van Cleef & Arpels (Parfüm) (1976).
Boucheron (1988).
Van Cleef (1993).

Oben, von links nach rechts:
Kenzo pour homme (1991).
Angel von Thierry Mugler (1992).
L'Eau d'Issey von Issey Miyake (1992).
Unten, von links nach rechts:
Parfum d'été von Kenzo (1992).
Kashâya von Kenzo (1994).
Parfum d'elle von Claude Montana (1990).

Seit Paul Poiret, der als erster die Idee hatte, Parfüms auf den Markt zu bringen, gibt es kaum Modeschöpfer, die ihre Kollektionen nicht mit einer Duftkomposition verbunden hätten. Die Designer der aktuellen Mode können sich diesem Phänomen nicht entziehen und kreieren gewagte Parfüms mit originellen Flakons entsprechend ihrem Stil.

Oben, von links nach rechts:
Parfum de peau von Claude Montana (1986).
Jean-Paul Gaultier (1993).
Suggestion von Claude Montana, drei Flakons: *Eau d'argent, Eau d'or, Eau cuivrée* (1994).
Unten, von links nach rechts:
C'est la vie! von Christian Lacroix (1990).
Le parfum von Sonia Rykiel (1993).
Kenzo (1988).

Ausnahmeflakons

Vor einigen Jahren noch sammelten nur wenige Eingeweihte Parfümflakons. Heute haben sich diese wertvollen Behälter bei Drouot in Paris oder Sotheby's, seinem amerikanischen Pendant, eingebürgert. Sie erzielen phantastische Preise (manchmal über hunderttausend Francs) und bleiben daher einigen Privilegierten vorbehalten, meistens Amerikanern oder großen Marken, die ihr firmengeschichtliches Erbe wieder zusammenstellen wollen. Da die Trödelhändler bzw. Großmutters Dachboden ihre Ressourcen beinahe vollständig erschöpft haben, gibt es heute einige Fachleute und -geschäfte, die sich mit der Suche nach Parfümfläschchen und Parfümflakons beschäftigen. Der Unterschied: Das Parfümfläschchen ist meist ein namenloses Flakon, das aus der Antike oder aus dem 19. Jahrhundert stammen kann, leer verkauft wird und jeden beliebigen Duft aufnehmen kann. Das Parfümflakon erschien gegen Ende des vorigen Jahrhunderts, es trägt meistens den Namen des Parfümeurs und enthält eine seiner Kompositionen.

Zu den begehrtesten Flakons gehören selbstverständlich die Glasflakons, während die Kunststoffflakons seit den 60er Jahren nicht mehr sehr hoch im Kurs stehen. Lalique ist zweifellos einer der geschätztesten Kristallmacher, dicht gefolgt von Baccarat, aber auch von weniger berühmten Namen wie André Jollivet oder Julien Viard. Die Auswahlkriterien sind folgende: Punze des Glasmachers, Marke, Epoche, Originalität des Flakons. So sind zum Beispiel die Flakons in Tiergestalt sowie die Barockflakons aus dem 18. Jahrhundert oder historische, mit einem bestimmten Kontext verbundene Flakons besonders begehrt. Aber auch Darstellung und Zustand des Flakons entscheiden schließlich über seinen Wert. Das Sammlerflakon muß noch seinen Originalstöpsel und sein Originaletikett besitzen, und sein Wert steigt, wenn es in seinem Kästchen präsentiert wird. Schließlich sehen es die Experten ungern, wenn Flakons oder Verpackungen restauriert wurden, und sie berücksichtigen die Lekythiophilen, die doch so zahlreichen Sammler von Probeflakons, nicht.

Die auf den folgenden Seiten abgebildeten Flakons stammen alle aus der Privatsammlung der Parfümeriegesellschaft DROM. Diese wunderschöne, in den 20er Jahren begonnene Sammlung umfaßt heute 1700 Stücke, die in einem Museum in Baierbrunn bei München versammelt sind.

Parfümflakon, 20. Jh., Sammlung DROM.

Oben, von links nach rechts:
Salbentöpfchen aus schwarzem Ton in Form eines Stachelschweins, Ägypten (vielleicht syrischer Einfluß), römisch-ptolemäische Zeit, 3.–1. Jh. v. Chr.
Flakon aus Silber und Emaille als Schwan, Wien, Österreich, Ende des 19. Jhs.
Flakon aus bemaltem Porzellan mit Silberfassung als Hund (Mops), Deutschland (wahrscheinlich Meißen), 18. Jh.
Flakon aus bemaltem Porzellan in Form einer Katze, Deutschland (vielleicht Thüringen), 18.–19. Jh.

Unten, von links nach rechts:
Räucherfäßchen aus Messing als Vogel; der durchbrochene Kopf mit Scharnier ließ das Parfüm entweichen. Indien, 20. Jh.
Krügchen für geweihtes Öl aus hellem Ton mit Bemalungen in Form einer Eule, korinthische Kunst, 6. Jh. v. Chr.

Oben, von links nach rechts:
Flakon aus Labrador in Form einer Eule mit Augen aus Rubinen und Goldhalsband, Deutschland, um 1810.
Pomander aus vergoldeter Bronze als Nilpferd, Iran, 20. Jh.
Riechdose aus ziseliertem Gold in Form eines Krokodils mit beweglichen Gliedern und Augen aus rotem Granat, wahrscheinlich aus Mexiko, 19. Jh.
Riechdose aus Silber in Form einer Maus, trägt die Punze von Meister Christian Raphael Schmidt, Dänemark, Anfang des 19. Jhs.

Unten, von links nach rechts:
Riechdose aus Silber als Fisch mit mehrfarbiger Verzierung und Silberfassung, Deutschland (vielleicht Thüringen), 18. Jh.
Riechdose aus Silber in Form eines Pfaus mit der Punze von Christian Raphael Schmidt (1753–1822). Bewegliche Flügel, umklappbarer Kopf, Augen und Federn mit farbigen Glassteinen verziert. Dänemark, Anfang des 19. Jhs.
Handtaschenflakon aus Silber in Form eines Vogelkopfes, S. Mordan & Co., England, 1886.

Oben, in der Mitte:
Flakon aus bemaltem Porzellan, stellt eine Göttin dar. Der abnehmbare Kopf dient als Stöpsel. Frankreich (wahrscheinlich), um 1900.
Oben, von links nach rechts:
Porzellanflakons, Klosterveilsdorf, 1766.
Unten, von links nach rechts:
Porzellanflakons mit mehrfarbiger Bemalung und Fassung aus vergoldeter Bronze in Form eines Rokoko-Kavaliers mit Hund und einer jungen Frau mit einem Hund in ihren Armen. Der Kopf des Hundes ist der Stöpsel. Meißen, um 1780.
Porzellanflakon als Engel vor einem blühenden Buschstrauch, Frankenthal, Ende des 18. Jhs.
Porzellanflakon in Form eines Jungen mit Ziegenbock vor einem farbigen Rebstock. Stöpsel mit Silberfassung. Chelsea, England, 18. Jh.

Oben, von links nach rechts:
Porzellan-Potpourri, Frankreich, 1920–1930.
Porzellanflakon als junges Mädchen, das in seinem Korb zwei kleine Flakons aus Glas und Metall trägt, (wahrscheinlich) Frankreich, 19. oder 20. Jh.
Unten, von links nach rechts:
Porzellanflakons mit Messingverschlüssen als Statuetten, Sitzendorf, 20. Jh.
Porzellanflakon in Form einer Frau mit Krinoline, die einem Wellensittich zugewandt ist. Deutschland, 19. Jh.
„Vorräte für das Kloster", Porzellanflakon mit mehrfarbiger Bemalung und Fassung aus vergoldetem Kupfer. Der Kopf des Mönches bildet den Verschluß. In seinem Korb trägt der Geistliche eine junge Frau. Frankenthal, um 1760.

Oben, von links nach rechts:
Zerstäuber aus Malachit mit gemmenschnittartiger Weinblattprägung, verchromter Sprühkopf, Böhmen.
Zerstäuber, 30er Jahre.
Zerstäuber, Borocrystall-Hütte, Böhmen, Anfang des 20. Jhs.
Unten, von links nach rechts:
Zerstäuber, 30er Jahre.
Zerstäuber, Borocrystall-Hütte, Böhmen, Anfang des 20. Jhs.

Oben, von links nach rechts:
Zerstäuber aus Glas und Metall mit goldenen Verzierungen, Flakon von De Vilbiss, USA, 1927.
Zerstäuber aus Glas und Metall mit feiner Goldschicht und schwarzen Silhouetten, Frankreich, um 1920.
Zerstäuber aus Glas, Gablonz, Böhmen, um 1935.
Unten:
Porzellan-Zerstäuber, Nymphenburg, 1930.

Oben, von links nach rechts:
Tiffany-Flakon aus Glas und vergoldetem Kupfer, bez. LCTO, Anfang des 20. Jhs.
Zerstäuber aus gelbem Glas mit vergoldetem Sprühkopf, weinroten Orchideenverzierungen, Jugendstilflakon von Emile Gallé.
Konisches Flakon aus „Seidenglas“ (nach einer 1905 eingeführten Technik). Kreation des Designers Frederick Carder, USA, um 1905.
Unten, von links nach rechts:
Brûle-Parfum, birnenförmiges Flakon mit Alpenveilchenverzierung, Glashütte von Argental, Frankreich, um 1910.
Flakon aus Nephrit (einer Art Jade), Silber, guillochierter Emaille mit Moiré-Muster, Diamant und Perle mit der Punze von Henrik Wigström, Sankt Petersburg, Anfang des 20. Jhs.
Brûle-Parfum aus Glas und Silber mit Blätter- und Blütenmuster,
Flakon von Emile Gallé, Nancy, Frankreich, um 1905.

Oben, von links nach rechts:
Flakon aus Glas, Jugendstil, Frankreich, Anfang des 20. Jhs.
Flakon aus grünlichem Glas mit Zinneinfassung, Jugendstilverzierung, Deutschland, Anfang des 20. Jhs.
Violette von Orsay, Baccarat-Flakon, um 1915.
Unten, von links nach rechts:
Porzellanflakon, Frankreich (?), Anfang des 20. Jhs. (?)
Parfümei, Behälter aus farbigem Glas mit Bronzefassung und Glasstein-verzierung, enthält zwei kleine Flakons, Frankreich, 1920-1930.
Jugendstil-Flakon aus Glas mit Flußlandschaft, Kristallhütte Daum, Nancy, Frankreich, um 1900.

Flakon aus Glas und Kupfer,
Böhmen oder Venedig, 19. Jh.

Rosolenflasche aus
Emaille und Silber,
England, 20. Jh.

Rosenölflasche, Böhmen,
1825.

Flakon aus Kristall und versilbertem
Messing, Böhmen, 20. Jh.

Doppeltes Flakon aus vergoldetem Silber und Glas, Schweden, um 1860.

Flakon aus Glas und vergoldetem Silber, Böhmen, um 1900.

Trageflakon aus Glas und Messing mit goldenem Muster, England, 19. Jh.

Doppeltes Flakon aus Glas, Böhmen oder England, um 1890.

Vinaigretten-Armband, enthält eine Haarsträhne, Italien, Ende des 19. Jhs.

Flakon aus Glas und Messing, Böhmen, 20. Jh.

Silberflakon, Ungarn, 20. Jh.

Flakon aus Glas und Messing, Lüttich, um 1920.

Silbertrichter zum Füllen
kleiner Flakons.

Vinaigrette aus vergoldetem Silber, England, 1824.

Brosche mit Anhänger aus Gold, Rubin, Diamant und Emaille, Frankreich oder Deutschland, Ende des 19. Jhs.

Flakon aus Metall, Deutschland, 20. Jh.

Riechdosen in Form einer Taschenuhr aus Silber, Gold, Glas und Emaille, Deutschland oder England, 17.–18. Jh.

KRISTALLHERSTELLER UND GLASMACHER

Die Herstellung eines Kristallflakons erfordert eine große handwerkliche Geschicklichkeit.

Als neutrales Material par excellence ist Glas, das durch seine Durchsichtigkeit gar an die Grenzen der Materialität stößt, wie dafür geschaffen, einen Traum zu enthalten. Wenn sie es sich leisten konnten, bewahrten die Römer ihre kostbaren Duftsalben anstatt in Terrakottatöpfchen in murrhinischen Gefäßen – einem irisierenden, glasähnlichen Material – oder in Behältern aus geschliffenem oder geblasenem Glas auf. Diese Technik, die kurz vor unserer Zeit an der Küste Syriens entwickelt wurde, löste eine wahre Begeisterung aus. Fläschchen, Parfümampullen und Balsamtöpfchen, Formen und Anwendungen vermehrten sich um ein Vielfaches. Der Niedergang des Römischen Reiches ließ die Kultur des Parfüms und die weitentwickelte Glaskunst für längere Zeit verschwinden. Auf der Insel Murano siedelt die Stadt Venedig – weit von neugierigen Blicken entfernt – im 13. Jahrhundert ihre besten Glashütten an. Ihr Ruf erstreckt sich bald über ganz Europa. Dieser Erfolg beruhte auf einem Herstellungsgeheimnis, das darin bestand, Natriumglas zu verwenden, dem Algenasche beigemischt wurde. Aber ab dem 17. Jahrhundert wurde die venezianische Überlegenheit durch die Entdeckung des Kristalls in England und Böhmen starker Konkurrenz ausgesetzt. Durch den Zusatz von Blei in England bzw. Pottasche in Böhmen erhielt man ein Glas, das durchsichtiger und schwerer war als normales Glas, wodurch es sich wesentlich besser für die Gravur am Rad eignete. 1736 lernte ein Venezianer, Giuseppe Briati, vielleicht mit der Hilfe emigrierter Handwerker aus Böhmen, auch die Kristallherstellung beherrschen, und die Dogen-Stadt konnte mit der Herstellung von graviertem Glas beginnen. Aber dieser späte Gegenangriff konnte den Niedergang der Glashütten von Murano nicht mehr aufhalten. Parallel dazu erlebte die Stadt Modena mit ihrer deutlich nutzorientierten Produktion hauptsächlich von Geschirr und Fensterglas ab der Mitte des 17. Jahrhunderts ihre Blütezeit. In Frankreich erhob die Charta von 1448 die Glasmacher in den Adelsstand und verbot Nichtadligen die Ausübung dieser Kunst. In Lothringen, wohin René I., Herzog von Anjou, Glasmacher aus Murano und Böhmen geholt hatte, entwickelte sich diese Industrie hervorragend. Der sandsteinartige Boden, die Salzwerke und die aus Farnasche gewonnene Pottasche machten Lothringen zum idealen Standort. Wie an anderen Orten auch waren die Verfahren zur Herstellung dieses höchst geheimnisvollen Materials streng geheim, und die Lothringer Glasmacher mußten den Eid ablegen, ihre Kunst ausschließlich ihren männlichen Nachkommen zu offenbaren. Die Region erlebte unter anderem die Qualen des Dreißigjährigen Krieges und kam erst 1735 wieder zur Ruhe. Es begann eine Zeit des wirtschaftlichen Aufschwungs, und die politische Entscheidung, die Einfuhr von Glasprodukten aus Böhmen und England einzuschränken, führte zur Gründung von zwei der berühmtesten Glashütten Frankreichs. 1765 begann das Dorf Baccarat, an der Meurthe, mit der Herstellung von Wirtschaftshohlglas „böhmischer Art" und von Fen-

1767 wurde in Lothringen die Königliche Glashütte von Saint-Louis gegründet.

Nach der Herstellung wird das Glas am Rad graviert.

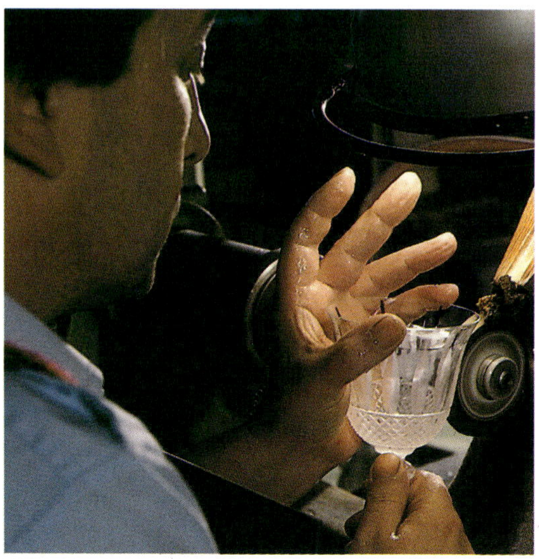

sterglas. 1767 entstand rund hundert Kilometer nördlich, in Saint-Louis-lès-Bitche, die Königliche Glashütte von Saint-Louis. Dort führte deren Leiter de Beaufort jene Forschungen durch, dank derer er Frankreich 1781 das Rezept des in jeder Hinsicht mit dem *flint glass* der Engländer identischen Bleikristalls schenkte. Diese Entdeckung war so wichtig, daß der Staat den Angestellten verbot, sich um mehr als eine Meile zu entfernen, und ihnen eine Kündigungsfrist von zwei Jahren auferlegte. Aber die folgenden Jahre und die Französische Revolution waren dem Aufschwung der Luxusindustrie wenig zuträglich. Während es Saint-Louis gelang, die Produktion zu erhalten und schließlich ab 1800 wieder anzukurbeln, überlebten die Glashütten von Baccarat nur mühsam bis 1816, wurden dann vom ehemaligen Leiter von Saint-Louis, d'Artigues, aufgekauft und erhielten den Status von Kristallfabriken. Das siegreiche Bürgertum machte das Kristall zum Symbol seines Aufstiegs. Bei Saint-Louis führt der Ursprung der echten Parfümflakons in die Jahre um 1830 zurück. Mit den neuen Formgußverfahren konnte man den berühmten „Diamantschliff" nachahmen. Nach der Entwicklung der Filigranarbeit 1837 und des Farbkristalls 1844 entstanden unter König Louis Philippe Beingläser aus Kristall. Die außergewöhnlichsten Flakons wurden zwischen 1848 und 1850 kreiert: Die Palette des Glasmachers war zu diesem Zeitpunkt besonders reich, und er konnte das Beinglas in unzähligen farbigen Schichten verarbeiten, um unendlich viele schillernde Effekte zu erzielen. Im Zweiten Kaiserreich entwickelten sich flachgeschliffene Stücke. Um 1870 ermöglichte die Glasätzung die Entwicklung des Verfahrens, das eine Spezialität von Saint-Louis werden sollte: die Goldverzierung. Ab 1925 kreiert Saint-Louis Flakons für die großen Parfümhersteller der Zeit: François Coty, L.T. Piver, Bourjois, Jean Patou. Berühmt wurde das Werk auch mit der Kreation des rechteckigen Flakons für Chanels *N° 5*. Nach dem Zweiten Weltkrieg würden auch Dior und Balmain auf seine Kunst zurückgreifen. Die Kristallfabriken von Baccarat nahmen eine ähnliche Entwicklung. 1907 wurde eine neue Schleiferei gebaut, um der wachsenden Nachfrage der entstehenden Parfümerie zu entsprechen. Vier Jahre später mußte angebaut werden, um fünftausend Flakons täglich produzieren zu können. Im Auftragsbuch waren alle großen Namen des Parfüms aufgeführt. Nach dem Ersten Weltkrieg stellte Baccarat Flakons für Paul Poiret, Jean Patou oder auch Elizabeth Arden – darunter die Hand von *It's you* – her. 1945 verließ das von Dalí entworfene *Le Roy Soleil* das Werk, ihm folgen im Laufe der Jahre zahlreiche Kreationen von Dior und neuerdings Paco Rabanne oder Gianni Versace. François Coty, der am Anfang des Jahrhunderts Kunde sowohl bei Saint-Louis als auch der Compagnie des cristalleries de Baccarat war, trug auch zur Entwicklung des Hauses Lalique bei. Als Erfinder eines Verfahrens, das die mechanische Herstellung sehr kunstvoll bearbeiteter Kristallgegenstände ermöglichte, kreierte René Lalique für Coty, dann für Roger & Gallet, Houbigant, d'Orsay, Worth und die meisten großen Parfümeure der Zeit Flakons, die in erheblichem Maße zu ihrem Erfolg beitrugen. Nach dem Zweiten Weltkrieg arbeitete sein Sohn Marc hauptsächlich für Nina Ricci. Ihm verdanken die berühmten umschlungenen Friedenstauben von *L'Air du temps* ihre zeitlose Anmut.

Zwei Flakons aus der Glashütte von Saint-Louis:
Links: ein Modell aus dem Jahr 1850.
Unten: *L'Eau de Saint-Louis* (1992).

Cyclamen von Elizabeth Arden. Das 1939 kreierte Flakon aus milchweißem Baccarat-Kristall stellt einen geöffneten Fächer dar, der von einem hohen konischen Verschluß aus durchsichtigem Kristall gekrönt ist.

It's you von Elizabeth Arden. Aus der Glashütte von Baccarat stammt auch dieses berühmte, 1939 kreierte Flakon.

Oben, von links nach rechts:
Les parfums de Rosine, von Paul Poiret, Flakon aus Murano-Glas, Paris, 1925.
Flakon von Lalique.
Ambre antique von Coty, Flakon von Lalique, 1907.

Unten, von links nach rechts:
Dans la nuit von Worth, Flakon von Lalique.
„Fleurette“, Flakon von Lalique, um 1930.
Le Parfum des anges, zur Einweihung des Oviatt-Gebäudes in Los Angeles, Flakon von Lalique, 1928.

Oben, von links nach rechts:
Sans adieu von Worth, Flakon von Lalique, 1929.
Flachrelief mit zwei Figuren, Flakon von Lalique, 1912.
„La Telline", Flakon von Lalique aus grünem Glas, 1920.

Unten, von links nach rechts:
Parfümzerstäuber aus Glas und vergoldeter Bronze, Flakon von Lalique.
Flakon von Lalique.
Ambre von Orsay, Flakon von Lalique, 1920–1930.

Seit einigen Jahren sind Parfümproben Gegenstand eines sehr regen Interesses bei den Sammlern. Als Miniaturnachbildung der im Handel verkauften Flakons sind die Pröbchen Werbeträger, die die großen Marken zur Unterstützung der Einführung ihrer Parfüms auf den Markt einsetzen. Aber diese Miniaturen dienen kaum noch dazu, einen neuen Duft kennenzulernen. Auf einem inzwischen blühenden Markt wird sofort ihr Kurswert erfaßt. Dieser Kurs beruht auf mehreren Faktoren: der Seltenheit des Probeflakons, seinem Ausgabedatum, seinem Zustand, dem Prestige der Marke und selbstverständlich den ästhetischen Eigenschaften, die es ausstrahlt.

24 Faubourg
HERMES
Miss Dior
BVLG
Tocade
ROCHAS
eau de cologne
HERMES
PARIS
82% vol.
7,5 ml
ARMANI
eau pour homme
AMAZONE
Eau de Parfum
82 % vol.
HERMÈS
PARIS
7 ml .23 fl.oz.
Vent Vert
PIERRE BALMAIN
PARIS
TALISMAN
C'est la vie!
CHRISTIAN LACROIX
PARIS
EAU DE PARFUM
BVLGARI
Eau Parfumée
80°
BEL AMI
EAU DE TOILETTE
Diorissimo

DANKSAGUNG

Die Autorin möchte sich bei den zahlreichen Personen bedanken, die ihr bei der Abfassung des Buches behilflich waren und ihr bereitwillig und dank ihres wertvollen Wissens ermöglicht haben, „die Welt der Parfüms" zu erforschen.

Ihr Dank richtet sich insbesondere an:
Bruno Storp, Direktor der Parfümerie DROM in Baierbrunn; Ursula Storp, zuständig für die Flakonsammlung der Parfümerie DROM, die uns erlaubt hat, die Sammlung zu fotografieren, und Sylvia Dubois; Karine Dubreuil, Parfümeurin bei der Parfümerie DROM für ihre freundliche Geduld und ihre deutlichen Ausführungen; Michel Maunier-Rossi, Geschäftsführer von DROM France; die Féderation des industries de la parfumerie, Danièle Michelet, Laurence Balland und Laurence Renaud; das Comité français du parfum und Marie-Hélène Gourmelon; den Technischen Ausschuß der Société française des parfumeurs und Jean Kerléo für die Qualität der gewährten Interviews; der Parfümeurin Françoise Caron und den Parfümeuren Eric Houdou und Olivier Cresp für ihre Gespräche; die Firma Chanel, ihren Parfümeur Jacques Polge sowie Nathalie Franchini und Laetitia Colas; die Firma Christian Dior und Eliane de la Béraudière; die Firma Guerlain, Elisabeth Sirot und Emily Jeangeorges; die Firma Hermès und Maddy Nicot; die Firma Lancôme, Monique Sarris und Bandine Viry; die Firma Lanvin und Odile Fraigneau; die Firma Jean Patou, ihren Leiter Jean de Moüy, ihren Parfümeur Jean Kerléo und Valérie Dufournier; die Firma Nina Ricci, Eve Leporq und Michèle Tibout; die Firma Rochas und Danièle Paquier; die Firma Roger & Gallet, Caroline Régin und Jean Davy; die Firma Yardley und Monique Gossart; die Firma Givaudan Roure, ihren Leiter der Abteilung für Angewandte Forschung Jacques-Marie Decazes und François Huyghes-Despointes; das Labor Monique Rémy und Frédérique von Eben-Worlée für seinen ikonographischen Beitrag; die Kristallhütte von Baccarat und Fabienne de Sèze; die Kristallhütte von Saint-Louis, Martine Oswald und Andréa Buchin; die Parfümerie Fragonard und Colette Tronel für ihren ikonographischen Beitrag; Marika Genty von Dior Couture für ihren ikonographischen Beitrag; Jeannine Mongin für ihre Informationen und ihren ikonographischen Beitrag; die Firma Firmenich und Tracey Glowinski für ihren ikonographischen Beitrag; die Firma Muelhens und Xavier Dujoncquoy.

Ihr Dank gilt auch allen PR-Abteilungen, die uns ihre Flakons für die Aufnahmen kostenlos zur Verfügung gestellt haben.

BILDNACHWEIS

Die Fotos dieses Bandes stammen von Matthieu Prieur, mit Ausnahme der unten aufgeführten:

Chanel: 32–33 (1), 36 M., 40 o., 41 (o.) 50, 68–69 (1), 88 u., Cyril Le Tourneur; 36 u., 37, 38 o., 44 u., 50 u., 51 M. & u., 52 o., 61 o., 88 o., Archiv Chanel; 89 u.: „Porträt des jungen Ernest Beaux", Sammlung Gilberte Beaux, Photothek Chanel; 89 o.: „Mademoiselle Chanel" von Hoyningen Huene, 1935.
Christian Dior: 92 (5), 93 u., 93 o.: „Tailleur Bar de Christian Dior" von Willy Maywald, 1947, © ADAGP.
Coty Group World Wide: 60 o. r.
Les cristalleries de Baccarat: 137 u. l. & r.
Les cristalleries de Saint-Louis: 136 (3), 137 o. l. & r.
Fédération des industries de la parfumerie (alle Rechte vorbehalten) 8 o. l., 18 o., 22 o., 23 u., 29 o., 35 u. l. 38 M. & u., 39 M., 40 u., 41 M. & u., 44 o., 48 M., 50 M., 51 o., 52 u., 53 o., 63 o., 67 o. l.
Firmenich: 34 o. r. & u. l., 35 o. l. & u. r., 42 M.
Hermès: 60 u. l.: „Edmond Roudnitska" von Édouard Boubat.
Musée de la parfumerie Fragonard: 8–9 (außer Foto o. l.), 14–15 (alle), 18–19 (außer Foto o. l.).
Givaudan Roure: 34 o. l., 35 o. r., 36 o., 39 u., 42 o., 45, 46–47 (1), 49 o., 59 u.
Guerlain: 22 (M. & u., 42 u., 61 u., 66 u., 67 o. r., 96–97 (alle).
Laboratoire Monique Rémy: 34 u. r., 49 u., 62 o.
Lancôme: 65 u.
Lanvin: 60 u. r., 102–103 (alle)
Collection Jeannine Mongin: 60 o. l.
Jean Patou: 60 M. r., 62 u., 66 o. l. & o. r., 106 o., 107 (2).
Nina Ricci: 110 o. & u. (3), 111 (2).
Rochas: 59 M., 60 M. l., 67 u., 114-115 (alle).
Michel Viard: 48 o. & u.

NEFF ist ein Imprint der
VPM Verlagsunion Pabel Moewig KG, Rastatt

Deutsch von Martine Paulauskas
Layout: Copyright Studio, Paris
Umschlaggestaltung: Jacqueline Leymarie
Printed in Spain 1996
ISBN 3-8118-5381-3